# 石川の自然まるかじり

石川県立大学自然まるかじり編集委員会編

東海大学出版部

Grasping Ishikawa's Natural World

Edited by Ishikawa Prefectural University
Tokai University Press, 2016
Printed in Japan
ISBN978-4-486-02103-2

口絵1　柴山潟からの白山　　　　　　　　　　　　　　　　　　　　　　（撮影：長野峻介）

口絵2　手取川扇状地　獅子吼高原　　　　　　　　　　　　　　　　　　（撮影：長野峻介）

口絵3　白山山系のニホンザル　　　　　　　　　　　　　　　　　　　　（撮影：前橋亮太）

口絵4　テン　　　　　　　　　　　　　　　　　　　　　　　　　　　（撮影：北村俊平）

口絵5 ブナ林 (撮影：北村俊平)

口絵6　早春の山　　　　　　　　　　　　　　　　　　　　　　（撮影：北村俊平）

はじめに

　石川県には，海，野，山がほどよく配置され，荒々しさとやさしさが同居する多様な自然があります．本書では，みなさんにその豊饒を味わっていただきます．北陸新幹線が開通して多くの方が石川県を訪問されるようになりました．そういった方の多くは，百万石の城下町金沢のたたずまい，食・工芸品などの文化，温泉地に興味をもたれているようです．唯一無二のすばらしい自然があるにもかかわらず，それに興味をもっていただける方が少ないのが残念です．本書は，少しでも多くの方が石川県の自然に関心をもっていただけるよう制作しました．

　本書は，若者たちに対する環境科学への「いざない」の書でもあります．執筆者は，石川県立大学で環境科学を専門にしている教員と大学院生です．環境科学は，自然環境の保全，修復，生産活動・生活と自然の調和を目指した分野ですが，私たちは，見たり，触ったり，感じたりのフィールドワークを重視した研究・教育活動を行っています．本書の内容の多くは，私たちが，そういった自然のまるかじりを目指して得た知識や経験に基づいて書かれています．本書を読んで，私たちの研究に興味を抱き，共に探求の道を歩いてくれる若者がいることを願っています．

　本文に進まれる前に，石川県の自然の概要について記しておきましょう．まず，地形をおおまかに鳥瞰してみます．県土は，南部に標高2702mの白山を擁し，そこを頂点に広がる山地帯と，それらの山地帯から「滝のごとく」流れ下る急流によって形成された扇状地から成り立っています．そして，山地帯の北のすそ野は，なだらかな丘陵地となって富山県との境界をなしながら，能登半島へと延びています．能登半島の東側は入り組んだ海岸線，西側は直線的で長い砂浜海岸が多くを占めています．

　石川県の自然は，四季の変化にも富んでいます．とくに，日本一の発生率である冬の雷とともに降り積る多量の雪は，その懐で独特の自然や文化を醸成してきました．この雷は，地元では，鰤起こしともいわれ，冬の到来を告げ，ブリ漁が始まる合図ともなっています．

　自然は，その中で躍動する多くの動植物によってその表情をいっそう豊かにします．石川県には，ツキノワグマ，トミヨ，アカテガニ，イカリモンハンミョウなどの本書に登場する生き物の他，ホトケドジョウ，ホクリクサンショウウオ，イヌワシなどの希少動物が生息しています．

奥山の動植物の生息地の核心は，白山国立公園です．石川県，富山県，福井県，岐阜県の4県にまたがるこの公園では，広大なブナの原生林が広がっています．また，高山帯には国内での西限・南限を占める貴重な植物が生育しています．ハクサンシャクナゲ，ハクサンチドリ，ハクサンフウロなど「白山」の名がつく植物が18種もあります．

　沿岸部には，能登半島国定公園と越前海岸国定公園があります．能登半島国定公園には能登金剛や能登島などの景勝の地があります．また，半島の先端の舳倉島（へぐらじま）は，アジア大陸からの渡り鳥の休息地として重要です．越前海岸国定公園は，福井県敦賀市から石川県加賀市の海岸沿いに設定されおり，石川県側には希少なガン・カモ類が飛来しラムサール条約に登録されている片野鴨池があります．この池では坂網猟という伝統猟法が行われています．

　この自然の中で，私たち人間は多くの恩恵を受けてきました．石川県の海と山の幸，農産物には，全国に誇れるものが数多くあります．もちろん，この恵みを享受するには，自然への畏敬の念とともに技術と努力が必要です．この地域には，これも全国に誇れる農業土木，食品加工の技術があります．穀倉地帯である金沢平野や加賀平野には，農業用の水路がはりめぐらされているとともに，豊富な伏流水を利用した酒蔵やかぶら寿しなどの農産物加工場があります．

　それでは，石川県の自然，ちょっこし＊「まるかじり」してみてください．

＊石川弁で少しの意味

目 次

はじめに vii
石川の自然まるかじりマップ x

第1章　天からのめぐみ …………………………………………… 1
1-1　雨は大気の掃除屋さん　　皆巳 幸也　2
1-2　人が近づけない場所の雪の秘密を探る　　藤原 洋一　8
1-3　水を測る・量る・計る　　高瀬 恵次　14
Column 1 ● 石川：冬のかみなり　　薄井 聖　20

第2章　生きものたち …………………………………………… 21
2-1　金沢城のツキノワグマ　　大井 徹　22
2-2　森のフルーツを食べるのは誰だ？　　北村 俊平　29
2-3　カビとともに生きる　　田中 栄爾　35
2-4　森と海をめぐるアカテガニの大冒険　　柳井 清治　42
2-5　落ち葉を食べる海岸林の生きものたちと微生物　　三宅 克英　49
2-6　イカリモンハンミョウを守るために　　上田 哲行　55
Column 2 ● 幻のバッカクを求めて　　棚田 一仁　63

第3章　水を活かす …………………………………………… 65
3-1　加賀平野を潤す　　森 丈久　66
3-2　魚たちのかよう水路をつくる　　一恩 英二　74
3-3　絵になる農業用水　　瀧本 裕士　81
3-4　潟とともに生きる　　長野 峻介　87
Column 3 ● らせん水車　　高位 汐里　94

第4章　食とくらし …………………………………………… 95
4-1　「まれ」の蓮蒸し　　岡崎 正規　96
4-2　赤土で育つスイカはなぜおいしい？　　百瀬 年彦　103
4-3　人が減っても農地は守る　　山下 良平　110
4-4　ごみとエネルギー　　楠部 孝誠　116
Column 4 ● コメの「セシウム」　　西山 駿　122

石川の気象関連データ　123
石川のおすすめ環境関連施設　125
おわりに　127
索引　129

石川の自然まるかじりマップ

第1章
天からのめぐみ

(撮影:長野峻介)

1-1　雨は大気の掃除屋さん

皆巳　幸也

● **弁当忘れても傘忘れるな**

　みなさんは「弁当忘れても傘忘れるな」という言葉をお聞きになったことが一度や二度ならずあると思います．これは，どうやら日本海に面した地方で広く聞かれるもののようですが，実際のデータを見てみると，ここ石川県にこそぴったり当てはまるのではないか，と思えてきます．

　図1は，主な都道府県庁の所在地にある気象台で観測した結果に基づく年間の降水日数＊（青）と雷日数（黄）です．これを見ると，同じ日本海側である新潟市と並んで，金沢市の降水日数が際立って多いことがわかります．年間に180日ほどですから，実に2日に1回の割で降水が見られるのです．とくに冬場は，もう毎日といってよいくらい曇った日が続き，雨や雪が降ったり止んだりすることにうんざりした経験をお持ちの方もあるでしょう．ついでにいうと，これも図1にあるとおり実は雷日数も多いのです．

　このように降水日数が多いため，降水量もやはり国内では多い部類に入りますが，ちょっと様子が違ってきます．たとえば図1にある高知市では，年間の降水量が金沢市よりも多くなっています．もちろん，紀伊半島の南部から九州にかけて（観測点でいえば三重県の尾鷲や和歌山県の潮岬，鹿児島県の名瀬など）はさらに降水量が多くなります．こうした太平洋岸の地域では1回の降雨がより多くの量であること，逆にいえば，金沢市で降る雨が必ずしも上記の地域ほど強いものばかりではないことを示しています．また金沢市では当たり前のように降る雪も，ゆっくりと落ちてくることからわかるとおりさほど降水量が稼げるものでもありません．そうした降水の強さ・弱さも，タイトルにある掃除の効率にかかわってくるのです．

＊降水の有無を区別する境界となる降水量は，実は1つには定まっていません．1滴でも雨（や雪）が落ちてくれば「降水あり」とするのが1つの考え方ですが，それではあまりに少ないからか，例えば日々の天気予報に出てくる降水確率の予報や，1ヶ月予報・3ヶ月予報などの季節予報では，1日の降水量が1mm以上の場合を「降水あり」としています．ここでは，それら予報での考え方にならって，1mm以上の降水があった日を数えました．

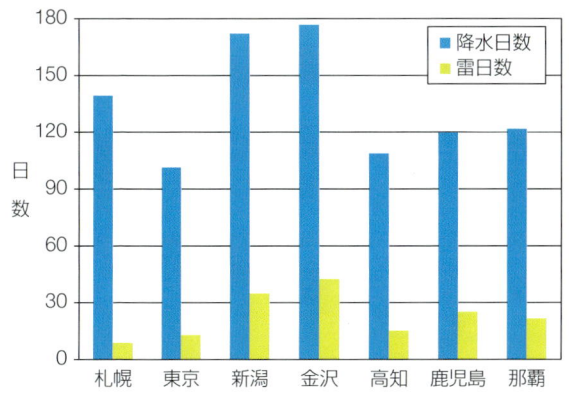

図1　主な都道府県庁の所在地における年間の降水日数と雷日数
（気象庁による1981〜2010年の観測結果に基づく平年値から作図）

●雨や雪，そして雷が多いワケ

　では，どうして金沢市をはじめとする日本海の沿岸地域で降水日数や降水量が多くなるのでしょうか．その答えは，ひとことでいえば「そこに日本海があるから」ということになります．でも，それでは何のことかわかりませんので，もう少し詳しく説明します．

　まず，話の始まりはユーラシア大陸のシベリア地域です．冬になると，天気図上でこの地域に大きな高気圧が図2のようにどっかりと居座っているのをご存知の方も多いと思います．これは，広い大陸で海から離れるほど大気が冷やされ，重たくなっていくのが気圧の高まりとして現れたものです．日本列島のような狭い陸地でも，内陸の盆地では（高度のせいもありますが）冬の晴れた朝には底冷えします．それほどまでに海は（物質としての水は）温まりにくく冷めにくいため，逆に海から離れるほど気温の変化が大きくなる，ということです．

　そうして冷たく，重くなった空気は，より軽い空気の下へ潜り込むようにして周囲へ流れ出します．その一部が，日本海へ，そして日本列島を通って太平洋へと吹いて行く風，つまり冬の季節風です．この空気は，元は陸上にあったものですから非常に乾いています．また，その温度は，大陸を離れて日本海へ出てくる時点では氷点下20℃ぐらいまで低くなっていることもあります．それが日本海の海水に出会うと，海からは水蒸気と熱をたっぷり受け取ることになります．そうして暖められることによって浮力が発生し，対流が盛んに起こります．空気が上昇すると，そ

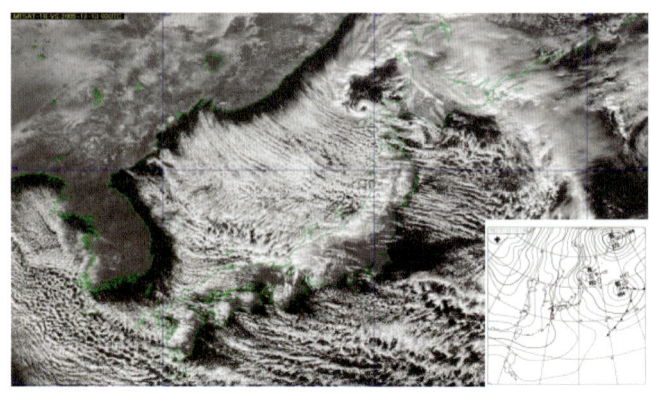

図2 強い冬型の気圧配置となったときの気象衛星画像（赤外線）と天気図（日本時間2005年12月13日12時）
出典：気象庁ホームページ（http://www.jma-net.go.jp/sat/data/web/jirei/sat200512.pdf，2015年12月10日閲覧）

の温度は自然に低くなるので，水蒸気が水や氷に変化して雲ができます．天気予報を見ていると，気象衛星が撮影した写真で冬型の気圧配置が強いときに筋状の雲が見られることがあります（図2）．それは，上記のようにしてできた雲が季節風に沿って並んでいるところを上から見たものです．冬の時期には，こうした状況（寒気の吹き出し）がしばしば発生するため，日本海の沿岸地域で降水日数や降水量が多くなるのです．また，図2で日本海の形を見ると，季節風がその上を走ってくる距離がもっとも長いのが，ちょうど北陸地方に到達する道筋であることにも気づいていただけると思います．このことは，日本海から熱（や水蒸気）をいちばん多くもらって，いちばん激しい対流がそこで起こっている可能性を示しています．実際，そうした状況で霰がつくられ，ぶつかり合って静電気を発生させるため，金沢では雷が発生したり霰が降ったりする日数が日本（の気象台）ではもっとも多くなります．

　このように豊富な降水量が得られること，またその中でかなりの量が山岳域を中心に雪という形でもたらされ，少しずつ（でも，時には一気に）流れ出してくることで，北陸地方は水資源には非常に恵まれた地域となっています．その代表が石川県では七ヶ用水に代表される農業用水ですが，そうした利用についてのお話は別の章で触れることにします．またそのほかにも，水の恵みは水力による発電，あるいはアルミニウムなどの金属製品や液晶モニタなどの生産が盛んなことにもつながっています．

図3 宝達山から見た海岸側の山麓（上：黄砂なし［2003年8月7日］，下：黄砂あり［2007年4月2日］）

●大気のお掃除は水洗い

　ここまで，北陸地方では降水の日数・量が多いことと，その理由を中心に見てきました．ここからは，この項でテーマとなっている大気のお掃除についてお話しします．

　日本国内の大都市を中心として，これまで問題となってきた公害の1つにも数えられるとおり，人間の活動によって大気は汚染されてきました．それだけでなく，大陸から飛んでくる黄砂や，時には噴火による火山灰でも，大気は汚れることがあります．また最近では，PM2.5という言葉が流行語にまでなり，その濃度が高いときには注意が必要ともいわれています．図3は，少しアングルは異なりますが黄砂が来たときとそうでないときに宝達山から日本海側の山麓を見下ろした写真です．普段（写真では2003年8月7日）なら5 kmほどの距離にある海岸線まで見通せるのに，黄砂が来ると（同じく2007年4月2日）ほんの数百メートル

図4 石川県立大学から望む宝達山（2003年9月10日に撮影）

先にある送電線や鉄塔までもが霞んでしまっています．

　これらの物質のうち，二酸化炭素やオゾンなどの気体とは別に微粒子として浮遊しているものは，学術的にはエアロゾル（正確には「大気エアロゾル粒子」）とよばれており，小さいものでは1 nm（1 mの10億分の1）ぐらいから大きいもので100 μm（0.1 mm）ぐらいのものまであります．これらの粒子は，重力によって自然に落下するものや，樹木の葉などに衝突して大気から除かれるものもありますが，多くは大気中に浮かんでいる時間が長く，そのため風によってかなりの長距離を運ばれる場合もあります．黄砂は，まさにそのよい例といえるでしょう．

　こうした大気の"汚れ"を効率よく落とす方法の1つが，雨や雪といった降水です．実は，そもそも雨粒や雪片（総称して「降水粒子」とよびます）のもととなる雲粒子ができる段階で，その核としてエアロゾルが必要です．また雲粒子や降水粒子が雲の内部や下部でエアロゾルと衝突して，それらを取り込む現象も起こります．こうしたメカニズムが，まさに大気を洗浄する働きをするのです．

　といっても，その効率は状況によって高かったり低かったりします．それを明らかにするため，筆者は宝達志水町にあり能登半島では最も高い宝達山（図4）を舞台として，その山頂（標高637 m）から標高50 mほどの山麓（石川県立大学の旧附属経営農場）にかけての斜面で雨を同時に採取し，地点による化学組成の違いや気象条件を考察しました．図

図5 宝達山における降水試料の採取風景（2005年4月9日に撮影）

5の写真は，山頂に近い観測点（標高610 m）での観測風景です．赤っぽい色をしたポールの上部に少しだけ白い部分が顔を出しているのが，雨を集める容器の上端です．また写真では見えづらいかも知れませんが，その上には鳥が止まらない（お土産を置いていかない）ようにアクリル棒が立ててあります．

こうして3年間にわたる観測を積み重ねた結果，背が低い雲から降る弱いシトシト雨のほうが，背が高い雲から降る強いザーザー雨よりも洗浄の効率は高いことがわかりました．これは，前者のほうが雨粒が小さくて（相対的には）ゆっくり落ちてくること，また，エアロゾルが上空まで拡散されず低層に多くとどまっていることが，いずれも降水粒子が落下する途中でエアロゾルと衝突する機会を増やし，結果としてそれらを取り込む量が多くなる，ということで説明できます．初めのほうで述べた，太平洋側の各地に比べて金沢では弱い降水が多くなることも考えあわせると，こうしたお掃除の効率も高いといえるかも知れません．

1-2　人が近づけない場所の雪の秘密を探る

藤原　洋一

● なぜ雪を観測するのか？

　真っ白に雪化粧した雄大な白山を見ると心が安らぎますが，この雪は心を安らげるだけでなく，私たちのくらしに密接に関係しています．手取川ダムに流入した河川流量を見ると（図1），1〜3月の流量は少なく，4〜5月の流量が非常に多いことがわかります．つまり，冬期の間に雪として蓄えられた水が，融雪期に流れ出てきており，雪は天然のダムの役割を果たしています．一方でこの大量の雪は，災害も引き起こすことがあります．1934年の手取川大洪水は，手取川流域でもっとも甚大な被害をもたらした災害であり，山間部に残った多量の雪と豪雨によって大氾濫が引き起こされました．また，近年では雪が生態環境にも影響をおよぼすことが知られており，積雪の減少によってササ群落が広がったり，イノシシの活動範囲を拡大させているといわれています．このようなことから，私たちのくらす流域内の雪の分布を正確に把握しておくことは非常に重要なわけです．

　ところで，雪や気象の観測は，気象庁に任せればよいのではないか？と考えるかもしれませんが，手取川流域には，金沢（5.7 m），白山河内（136 m），白山白峰（470 m）にしか気象庁アメダス観測所がありません．さらに，白山白峰では降水量しか測定していないため，標高の低いところにしか雪を測る観測所はありません．また，気温の逓減率を利用すれば未観測地点の気温くらいは推定できると思われるかもしれませんが，これも簡単ではありません．金沢と白山河内における温度差を図2に示しますが，温度差は約2℃であることから，標高100 m当たりの温度差は約1.5℃となります．通常，気温の逓減率には0.6℃が採用されますので，逓減率のみを利用して未観測地点の気温を推定することは単純ではなさそうです．

　こうしたことから，雪と私たちのくらし，災害，さらに，生態環境との関係についてより深く考えるためには，自分たちで雪の観測を実際に行って，その地点でどのように雪が積り，どのように解けているのかを

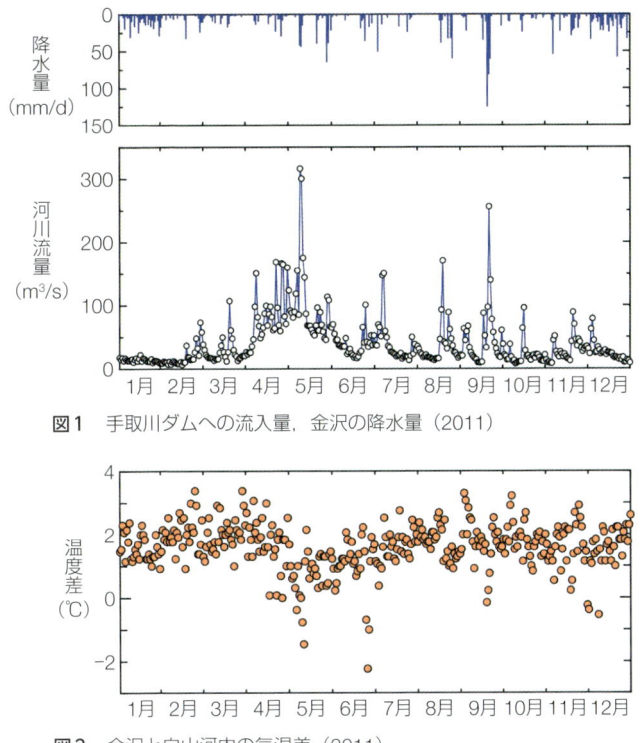

図1 手取川ダムへの流入量，金沢の降水量（2011）

図2 金沢と白山河内の気温差（2011）

理解する必要があります．そこで，以下では苦労しながら観測したいくつかの事例を紹介します．

● **白山山頂の雪の観測**

さて，非常に単純な疑問ですが，白山の山頂ではどのように雪が積って，どのように雪が解けているのでしょうか？ 白山の山頂（御前峰）に行くにはいろいろなルートがありますが，別当出合（1260 m）から砂防新道を通って山頂に向かう道がもっとも有名で，登りで約4時間，下りで約2時間かかります．これでも日頃運動不足の私にはこたえるのですが，ましてや冬期に登山して雪の状態を調べることなどできません．

積雪観測，気象観測には，図3（左上）のような観測システムを設置します．積雪深の計測をはじめ，温度，湿度，風速，日射量などを計測します．予算が無尽蔵にある場合はこうしたシステムを山頂にも設置すれ

第1章 天からのめぐみ

図3　積雪観測システム（左上），インターバルカメラ（右），小型の温度計（左下）

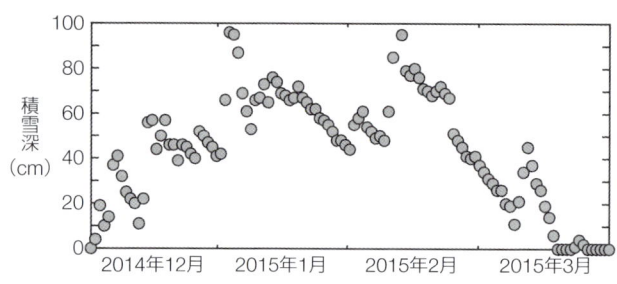

図4　白山河内の積雪

ばよいのでしょうが，とてもそのようなことはできません．そこで，一定の間隔で自動撮影してくれるインターバルカメラを利用して，白山山頂における雪を観測することにしました．乾電池数本で動き，1日1枚に撮影を限定すれば数ヶ月間作動します．室堂ビジターセンター（2450 m），南竜山荘（2080 m）に設置して，雪の降り始める10月から翌年の7月まで撮影を試みました．電池が切れたり，レンズに着雪したりとさまざまな問題は起きましたが，おもしろい画像も数多く撮影できました．

　まず，平地との雪の積もり方の違いを見るために，白山河内（136 m）における積雪を図4に示します．これを見ると，1月中旬まで積雪が増加し，その後は増減を繰り返して2月中旬になると積雪が減少していっ

10月11日

12月28日

1月21日

3月2日

図5 白山の山頂付近における積雪の様子

たことがわかります．さて，室堂で撮影した，12月28日，1月21日，3月2日の写真を図5に示しました．鳥居と見比べると，12月28日は4m，1月21日は4.5mくらいに到達していることがわかります．さらに，注目すべき点は，3月2日については，平地の白山河内ではすでに雪は大きく減少していますが，山頂付近ではさらに積雪が増加していることがわかります．つまり，平地ではすでに融雪期に入っていた時期に，山頂ではさらに積雪が増えていたようです．ただ，動画でお見せできないのが残念ですが，雪が4mくらい積るとそれ以降はなかなか積雪が増えないこともわかりました．どうやら，吹雪でどこかに飛んでいってしまうようです．岐阜県まで飛んだのでしょうか，それとも流域内のどこかに飛んでいったのでしょうか？　そこまではわかりませんが，このように，山頂付近では平地とはかなり異なる雪の現象が起きているようです．つまり，高標高地帯の積雪・融雪をシミュレーションする際には，こうした吹雪による雪の再配分を考慮する必要がありそうですが，このようなモデルは世界的に見てもまだ開発途中です．

●森林内の雪の観測

次は，森林と雪との関係について考えてみようと思います．突然ですがここでまた1つ問題です．森林内の雪と樹木などに遮られていないオ

ープンエリアの雪，どちらが早く解けてなくなるでしょうか？　森林内では樹冠に遮られて雪が積もりづらい反面，日射が遮られることによって融雪が遅くなりそうです．オープンエリアでは雪は積もりやすいのですが，日射がよく当たって早く解けてしまいそうです．この問題に対する回答を示すためには，森林内とオープンスペースにおいて数多くの積雪観測を行って，どちらが早く雪解けを迎えるのかを観測すればよいのですが，タイミングよく消雪日を観測することは難しいでしょう．さらに，多くの地点で観測するとなると，かなりの時間とマンパワーが必要になってしまいます．

　そこで，山頂で活躍したインターバルカメラに続き，積雪期間の観測には超小型の温度計（図3（左下））の利用を試みました．このような小さいものですが，温度センサー，バッテリー，結果を記録するメモリが内蔵されています．雪の温度は0℃以上にならず，また，熱伝導率＊が小さいため表面付近の温度変化は激しいが，深部には熱的影響が伝わりにくいことが知られています．このように，雪の温度変化と空気中の温度変化は大きく異なるので，温度計が雪で覆われているか，消雪しているのかを温度の観測結果から判定することができます．つまり，雪が降る前にこの温度計を地表において，雪解け後に温度計を回収すればよいわけです．

　実験は以下のように行いました．「白山さん」として知られている白山比咩(しらやまひめ)神社の近くにある石川県林業試験場内の常緑のスギ林内，および，オープンスペースに，小型の温度計を配置して冬期の温度観測を行いました．ちなみに，林内，オープンスペースで魚眼レンズをつけて全天写真を撮影すると図6のようになります．図7に，観測した温度を示します．赤線は林内，青線はオープンスペースの温度です．雪が積もっている期間は温度の変動が非常に小さく，雪が積もっていない期間は変動が大きくなっており，このシグナルの違いから消雪日を確認すると，オープンスペースのほうが雪が長期間あったことがわかります．このように，問題の正解はオープンスペースですが，これは地域（気候帯）によって異なるようです．日本国内においても林内のほうが長く雪が残るエリアもあり，どのような条件でわかれるのかは解明されていない点で，今後，全国の

＊物質がどのくらい熱を伝えやすいかを表す係数．単位はW/(m・K)．コンクリートはおよそ1.6，水（0℃）は0.56であるのに対して，新雪は0.05〜0.2です．雪は熱が伝わりにくい．

図6 魚眼レンズで撮影した全天写真．林内とオープンスペース

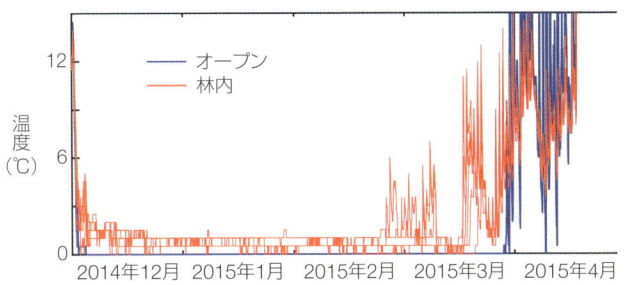

図7 林内（赤）とオープンスペース（青）の温度

大学などと協力して一般的な関係を調べてみたいと思っています．

● まとめ

　小型の温度センサーやインターバルカメラといった便利な道具を利用することによって，白山の山頂やアクセスの困難な森林内における雪の観測を行い，まだ誰も見たことない積雪・融雪のプロセスの解明を目指しています．積雪量が正確にわかると，まずはダムの管理に応用できます．すなわち，洪水の備えもしつつ，水を蓄えるような操作に活用することが期待できます．また，温暖化の進行に追いつけない植物をレフュージア（避難場所）に避難させることも検討されつつあり，レフュージアの推定には雪の分布を正確に把握する必要があります．また，森林内とオープンスペースの雪の残り方の一般関係を得ることができれば，雪をより多く貯めることのできる森林へと誘導できるようになるかもしれません．

1-3　水を測る・量る・計る

高瀬　恵次

　みなさんは「水文学」という学問分野をご存じですか？　「みずぶんがく」ではなく「すいもんがく」です．これは，天文学が天体や天文現象など，地球外で起こる自然現象の観測，法則の発見などを行う自然科学の一分野とすれば，地球上で生起する水に関わる現象の観測，法則の発見などを行う分野であるということができます．別の定義では，降雨・降雪，流出，蒸発散などの水の動き（これを水循環といいます）や川・湖，海の水に関する現象を扱う分野です．この節では，このような水循環を中心に，降水（降雨と降雪）河川流量（流速，流量），土壌水分，蒸発散，地下水の移動量，貯留量（賦存量），水質などを測ることの重要性と難しさ（工夫，おもしろさ）をわかりやすく説明したいと思います．

● 雨を計る

　「卵が先か鶏が先か」はさておき，地球上の水循環の始まりは，空から降る雨や雪です．このほか霰や雹もあるので，これらを総称して「降水」とよびます．この降水はどのようにして計るのでしょうか？

　みなさんは調理などで水量を量るとき，どのような装置（器具）を用い，どのような単位でそれを表しますか？　インスタントラーメンなら計量カップで500 cc（ml）を量って調理しますよね．ところが，雨の計測には，特殊な装置と耳慣れない単位を使います．原理的には世界共通の1つの方法です．図1のようにある標準直径をもつ漏斗を取り付けた装置を使って雨を集め，これを水深換算してmmで表現します．日本では直径20 cm（断面積314 cm^2）が標準なので，中に貯まった雨が314 ccならこれを1 cm＝10 mmとして発表します．なぜ，mmで表すのでしょう？それでは，金沢地方気象台が計量カップで雨を計って「今回の台風ではこの1時間に3140 ccの雨が降りました．警戒してください．」のようなニュースを流したら???．雨は広い面積にわたって一様に降ると考えて，水深で表したほうがわかりやすいのです．なお，アメリカやヨーロッパでは「mm」ではなく「inch（インチ）」を使います．

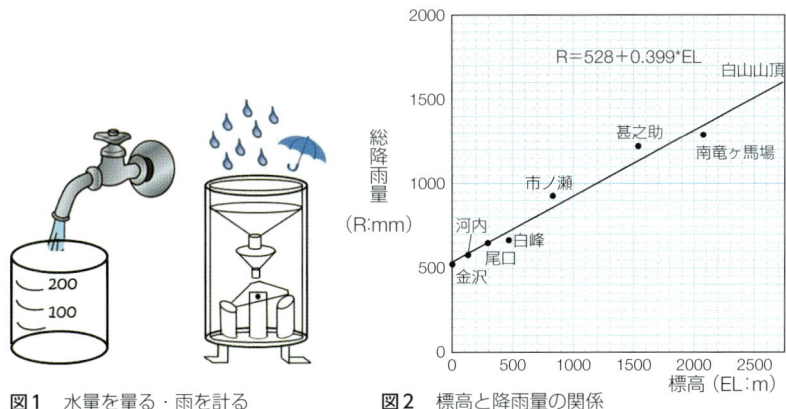

図1 水量を量る・雨を計る　　図2 標高と降雨量の関係

　先にも述べたように，この方法が雨を計るための原理ですが，この方法で非常に広い面積に降る雨を知るためにはとてつもなく多くの計器を設置する必要があります．しかし，残念なことに石川県内で気象庁が雨量を計測している地点は，わずか15ヶ所です．国や県や市町村などが設置した地点を含めても県内で10ヶ所は超えないでしょう．とくに，白山のような山岳地帯ではほとんど計測されていません．ところが，一般的に雨や雪は標高が高いほど多く降る傾向にあることが知られています．そこで，私たちの研究室では，これまでほとんど観測されていなかった高標高地点での降雨の計測を開始しました．図2は石川県白山山頂付近の南竜ヶ馬場で観測した雨量と金沢のような平地での雨量を比較したものですが，およそ3倍近くの雨が降っていたことがわかります．このように，技術の発達した現在でも雨の計測は重要な研究課題の1つです．

● 雪を計る

　雪は大気中の水蒸気が雨（液体）にならず，直接固体になって地上に降るもので，これをヒータで融かして計測されたものは「降水量」として雨と同じように「mm」で表されます．一方，雪として観測されたものは，時間当たりの降雪量，あるいは積雪開始時からの積雪深として「cm」で表現されます．積雪深の計測については1-2節で詳しく説明しましたが，前項でも述べたように山岳地域では平地の何倍もの雪が積もるのにもかかわらず，その計測が非常に難しく，地球温暖化の影響を考える上でも降雪量を正確に計測する技術の開発が期待されています．

第1章　天からのめぐみ

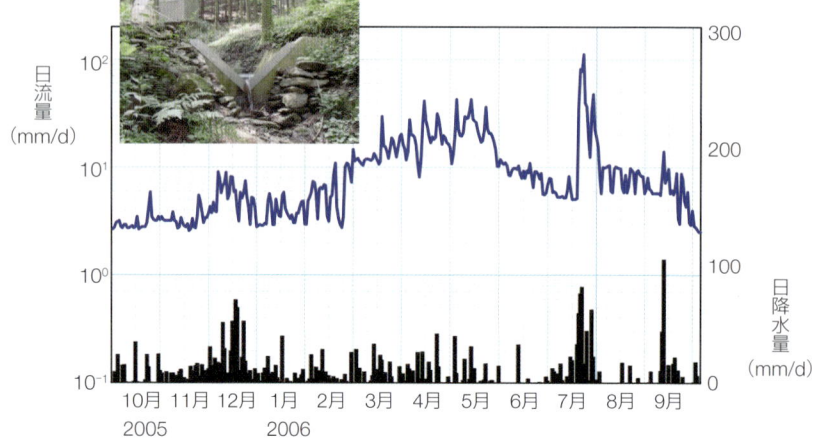

図3　堰を用いた流量の測定と手取川の流量

●河川水を測る
1）水量（流量）

　川を流れる水の量がどれくらいかを知ることは，洪水災害の防止や水資源計画を立てる上で重要な仕事です．水道の蛇口から流れ出る水ならバケツで量ることも可能ですが，この場合でも時々刻々変化する水量を長時間にわたって人手で量り続けることは至難の業となります．それでは，人手で採水できる量ではなく，また雨などによって著しく変化する川の水量（流量）はどのようにして測るのでしょうか？　これには3つの方法があります．1つは川の断面が整った箇所で流れの速さ（流速）とその断面積（流水断面積）を測定してその両者の積で単位時間に流れる水量を計算する方法です．しかし，この方法で台風時の流量を求めるのは，労力的にも安全面でも適当ではありません．そこで，多くの河川では，あらかじめさまざまな水位と流量の関係を測定し，その後はこの両者の関係（水位〜流量曲線）を用いて流量を求める方法が採用されています．また，比較的水量の小さい河川では，河川を一部堰で堰き止め，水圧計などでその堰を越流する水位を連続的に自動計測することで流量を計算する方法も用いられます．図3の写真は森林試験地に設置した観測堰の一例，グラフは水位〜流量曲線を用いて計測された手取川の量を時系列的に描いたものです．この図から，手取川では冬には積雪として保存されるため水量が少なく，春から夏に融雪によって水量が増加する

図4　水質負荷量の計測

ことがわかります．このことが大量に水を必要とする稲作を平野部で可能にしているのです．

2) 水質

　水の利用を考える上では，水量の安定的な確保とともに水質の保全も重要な課題です．水質は濃度を基準にして管理されるのが一般的ですが，湖や内湾のような水の流動が比較的小さい水域（閉鎖性水域）では，排水路などからある期間内にそこに流れ込む物質の総量（負荷量）が水質に大きな影響を与えます．わが国でも，東京湾，伊勢湾，瀬戸内海などの閉鎖性海域では，濃度に関する水質基準に加えて年間負荷量に関する基準が追加されて水質が保全されるようになってきました．

　負荷量は多くの場合，川などから採水した試料水を実験室で分析して濃度を求め，これに採水時の流量を乗じて求めます．しかし，農地や森林から流れ出る水の水質濃度と流量は雨や季節などによって大きく変化するので，負荷量を正確に知るためには雨が降るたびに時間ごとの採水と採水した試料の分析が必要です．しかし，これには大変な労力と費用が必要となるので，長期間にわたる農地や森林からの負荷量を知ることは困難でした．そこで，私たちは河川を流れる水の数千分あるいは数万分の1（これを採水比とします．）をタンクに取水する装置を開発しました（図4）．そして，ある一定期間にタンクに貯まった水の水質濃度を分析します．この濃度をC（mg/L），タンクに貯まった水量をQ（L），採水比を$1/n$とすると，この期間の負荷量は$C \cdot Q \cdot n$となって，たった1回の水質分析で負荷量を知ることができるようになりました．

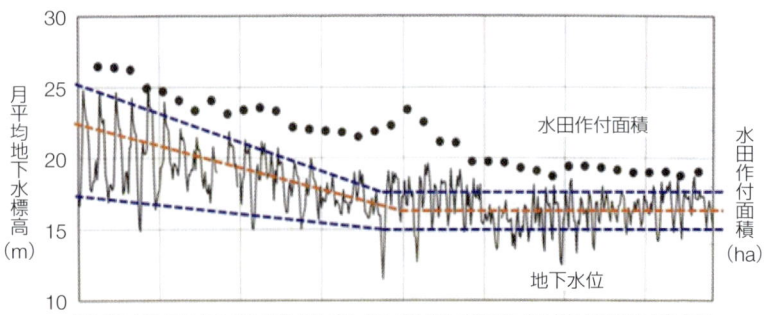

図5　手取川扇状地の地下水位の変化例

● 地下水を測る

　みなさんは地下水がどのように利用されているかを知っていますか．地下水は農業用水や工業用水としてだけでなく，町によっては飲み水としても使われています．また，石川のような積雪地帯では融雪用にも使われています．ミネラルウォーターも地下水の1つです．世界の国々の中には，地下水を汲み上げすぎて水位が低下して利用できなくなり，ついには枯れてしまった地域が多くあります．私たちはこの地下水をこれからもずっと使い続けることができるのでしょうか？　この問いに答えるためには，地下水の流れや水量を知る必要がありますが，地面の下にあるので容易ではありません．地下水の状況を直接知る唯一の方法は，井戸を掘って水面の位置（これを地下水位といいます．）を測定したり，井戸水を採水して水質や年代を調べることです．多くの地点で地下水位を測定すれば，地下水がどのように流れているかがわかります．図5は手取川扇状地の地下水位の観測結果を示したものです．この図は，過去には水田面積の減少とともに地下水位が低下していったことを示しており，水田からの浸透も地下水にとって重要であることがわかります．このほかにも，水温や水質あるいは水に含まれるわずかな自然放射能や同位体を測ることによって，その地下水の起源（浸透場所や年代）などを知ることも可能です．私たちは，地下水位の観測や水温や水質を測定することで，地下水の利用と保全について研究しています．

● その他の水を測る

　これまでに説明した水以外にも，私たち身のまわりには多くの水が存

在します．土壌中や植物体の水を測ることは，作物を育てる上で重要です．また，蒸発や蒸散は液体の水が気体の水に変化する現象なので，これを測定することは水の動き（水循環）を知る上で重要です．雪や雨の水質を測れば，大陸からどのような物質がどれくらい大気によって運ばれてくるかを知ることができます．水を量る・測る・計ることの大切さと奥の深さ・おもしろさを知っていただければ幸いです．

Column 1
石川：冬のかみなり

　石川に住み始めて「鰤起こし」を知りました．「鰤起こし」は，冬の雷（冬季雷と言います）を示す言葉で，おいしい鰤が日本海にやってくるころに，日本海側に激しい雷が多発する季節を意味します．福島生まれの私には，冬に雷がうるさいなんてことは信じられませんでした．小さいころから雷が嫌いな私は，石川にまで雷に追いかけられるとは思ってもみませんでした．ますます雷が嫌いになりました．

　そんな私が「石川の気象といえば雷だ」と思えるようになったのは，「冬季雷」が世界でも珍しいものであることを知ってからです．しだいに興味が湧いてきました．冬季雷がどのような条件で発生し，どのような影響を与えるのかを示せれば，冬季雷の予報がさらに重要な情報になり得るでしょう．

　寒い冬の夜に雷がなっていると，「石川上空に寒気が……」と考えがめぐるようになりました．それでも夜寝ているときに，雷が鳴り響くのは勘弁してほしいものです．
　　　　　　　　　　　　　　　　　　　　　　　　　　　　　　薄井　聖

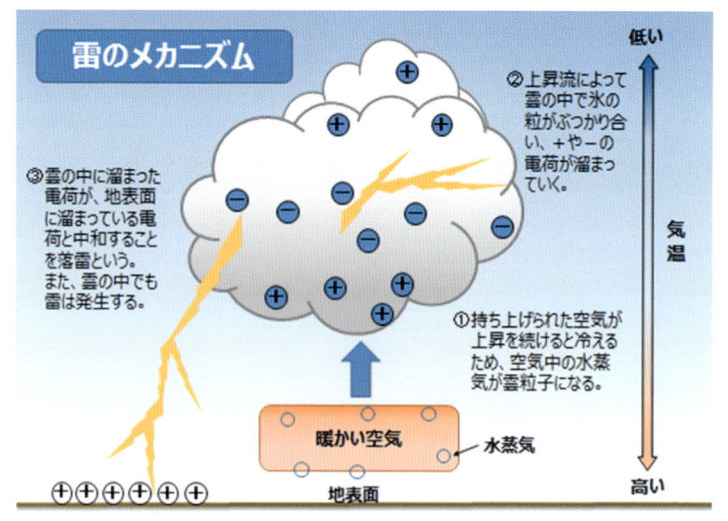

第2章
生きものたち

(撮影：北村俊平)

2-1　金沢城のツキノワグマ

大井　徹

●金沢城にクマが出た

2014年9月29日，金沢城公園で若いツキノワグマが捕獲されました（図1）．9月に入ってから公園内でクマの目撃が複数あり，被害防止のために設置されていた罠にかかったのです．

金沢城は，1583年（天正11）に前田利家が入城して以来，加賀藩主の居城であり，その跡地が公園として一般開放されています．人口47万人を擁する金沢市の中心部にあり，香林坊，片町などの繁華街に隣接しています．なんでこんな所にクマが出没したのかと市民は驚き，全国ニュースにもなりました．

実は，金沢城公園は金沢市郊外に広がる山地帯と長さ約7 kmの回廊状の森林でつながっています（図2）．この回廊状の地域は小立野台地とよばれ，広い平野に突き出した丘陵地が両脇の浅野川と犀川に削られ残ったものです．このグリーンベルトが，金沢城公園へのクマの侵入経路になったと考えられます．

図1　森の王様ツキノワグマ．捕獲されたクマとは異なる（伊藤悦次さん撮影）

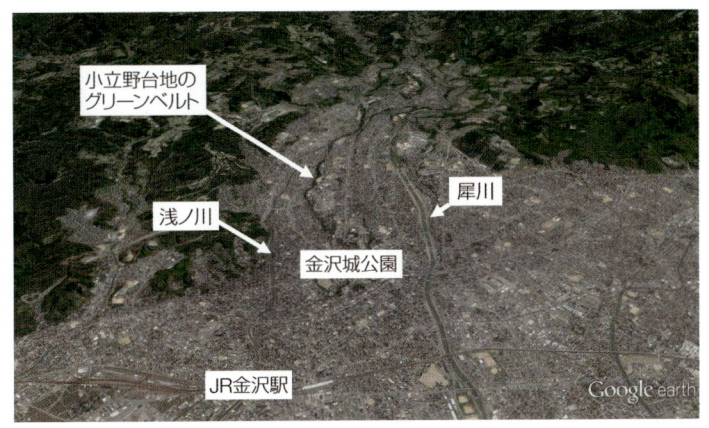

図2 小立野台地のグリーンベルトと金沢城公園（Google Earthより）

　ここで注目して欲しいのは，そこを伝って出没に至ったクマの存在です．近年，石川県のクマの生息域は拡大し，金沢市郊外の里山地帯におよんでいます．何かきっかけがあれば小立野台地のグリーンベルトを経て金沢城公園に侵入する「金沢城のクマ」の予備軍がいるということです．クマが生息しているということは自然が豊かな証拠ですが，よいことばかりではありません．人身事故の心配も生じます．まず，この動物の特徴や生息実態を簡単に述べた上で，共存の方法について考えてみます．

● ツキノワグマ

　さて，ツキノワグマですが，日本では現在，本州と四国に生息しています．九州のクマは絶滅した可能性が高く，四国，中国地方，紀伊半島，下北半島など絶滅の恐れのある地域もあります．一方，中部以北には，絶滅の心配のない十分な数が生息していると考えられています．

　ツキノワグマは，日本で最大クラスの森林性の哺乳類です．体重で100 kgを超す個体もいます．鋭い牙をもつなど，消化器官を含めて物を食べるための身体の構造は肉食獣のもので，分類学上はライオン，イヌ，ネコと同様，食肉目とされています（図3）．しかしながら，実際の食べ物のほとんどは，葉っぱや果実などの植物です．また，木登りが上手で地上と樹上の両方で餌をとります．そして，大きな身体を養うため広い行動圏を持ちます．メスで平均20 km^2，オスで40 km^{2}程度です．また，食物が乏しくなる冬には，木の洞，土穴，岩穴で冬眠します．

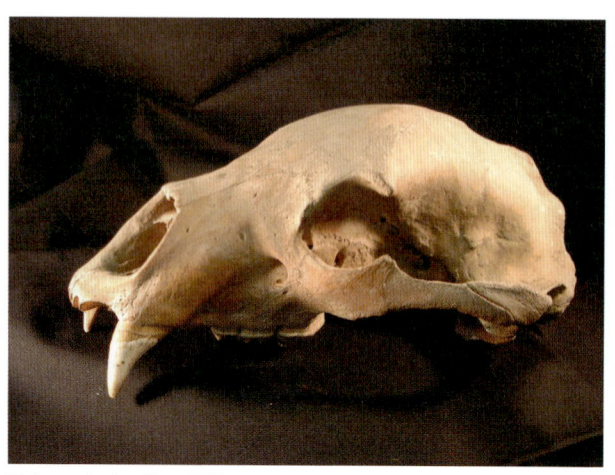
図3　ツキノワグマの頭骨

　母子以外は単独で行動します．交尾期は6〜7月で，冬眠中の2月に平均2子を出産します．メスが繁殖できるようになるのは，4歳以降で，2〜3年に一度の出産です．個体数の増加率の最大値は，計算上，年14％程度です．シカ（最大で約40％）やイノシシ（最大で約100％）よりも繁殖能力がかなり低いと考えられます．レジャーとしての狩猟や被害対策のためにクマの捕獲が認められていますが，捕りすぎには注意が必要です．

● **分布の拡大とその背景**
　全国各地でツキノワグマの分布が拡大しています．この傾向は石川県でも同様で，この35年間に出没地域が1.6倍に拡大しました（図4）．とくに，富山県との県境を能登半島に連なる丘陵地帯でそれが顕著です．私たちがこの丘陵に設置したセンサーカメラにも，クマが頻繁に撮影されます（図5）．
　クマばかりではありません．シカやイノシシなどの分布も広がっています（図6）．シカ，イノシシの分布拡大は，生息数の増加と関係していると考えられます．一方，クマについては生息数との関係はよくわかりません．ただ，これらの動物の分布拡大の背景として共通することがあります．生息地の変化です．
　分布が広がった地域は里山です．ここ50〜60年ばかりの間に人間の生

図4 石川県でのツキノワグマの分布拡大. 2003年時（水色メッシュ）と2014年時（桃色メッシュ）までの変化. 第1期 石川県ツキノワグマ管理計画資料に基づく

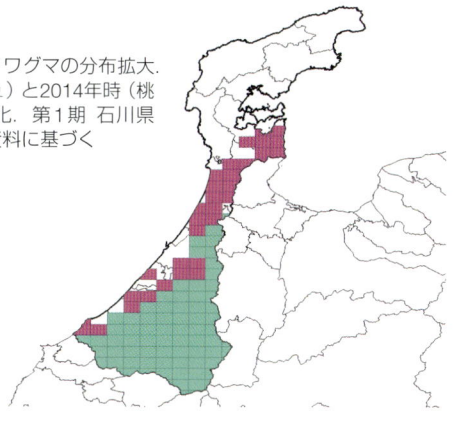

図5 里山のツキノワグマ. 撮影は石川県農林総合研究センター林業試験場の協力を得ました

図6 石川県ではイノシシやニホンジカも分布拡大中

活や社会の変化とともに森林の状態が大きく変化した場所です．1950年代までは，家庭の燃料は薪や炭が主でしたが，里山は薪炭供給のため，十数年のサイクルで伐採されていました．また，農業に必要な飼料，肥料の採取場所でしたし，緩斜面を利用して畑になっていたところも多かったようです．そのため，植生は貧弱で，人の出入りも多く，狩猟も盛んで，獣にとってはすみにくい場所でした．その後，スギの植林地に変わったところも多いのですが，放置され，野生動物にとってよい生活場所であると考えられる広葉樹林として成長していったところが多く見られます．また，1950年代後半から1970年までの高度経済成長下で，農山村は過疎化し，山の傾斜地につくられていた田畑はどんどん撤退していきました．里にも耕作放棄地が増えていきました．野生動物にとってよい生活場所，野荒しをする場合によい潜み場所，侵入経路になる場所が，

第2章 生きものたち

図7　至近距離での突然の出遭いが怖い

人里周辺，里山に増えていったと考えられます．

● **人身事故**

　2000年以降，全国で毎年平均75名程度の方がツキノワグマによる人身事故に遭われています．石川県では，年間2名程度です．それでは，クマは人間を見れば襲ってくるような狂暴な動物なのでしょうか．決してそうではありません．私は，何頭ものクマに発信機を装着して行動調査を行ったことがあります．その際，調査員や住民などがクマと近づくと，クマは逃げ去るか，上手に隠れてしまいます．他の研究者も同じことを経験しています．

　人身事故が起きた状況で，もっとも多いのが見通しのわるい場所で，クマと人間が至近距離で出遭った場合です（図7）．そんな時，人間はびっくりしますが，クマもびっくりします．そして，自分を守るために攻撃に転じるようです．とくに，子連れの母グマは，子を守るために攻撃的になりやすいことが知られています．

　クマが生息したり，出没したりしている地域では，なるべく1人で行動しない，見通しのわるいところでは，柏手を打ったり，「オーイ」と声をあげたりして，クマに人の存在を早めに察知させるようにします．普通ならば，クマはそれで逃げてくれます．

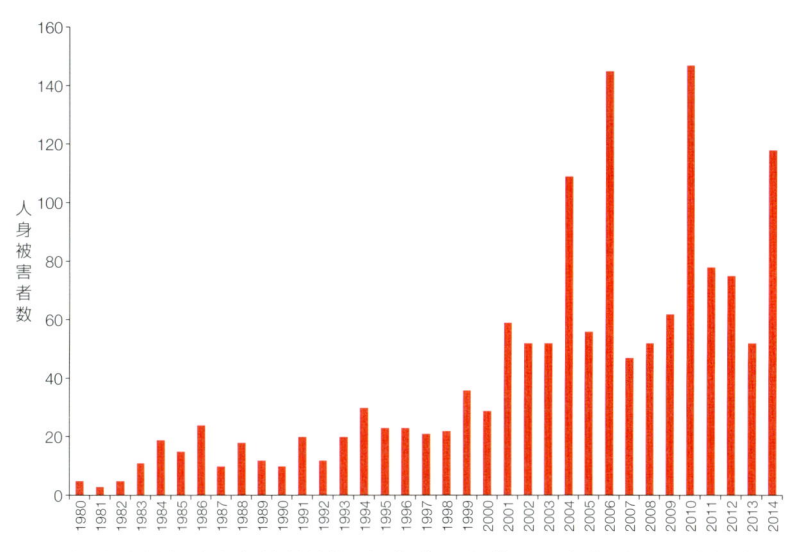

図8 人身被害者数の変化（環境省資料などに基づいて作成）．1990年代一部の県で欠損値あり

● 人身被害増加の危険

　狂暴なクマというのはまずいません．至近距離でばったりと出遭うのが危険なのです．クマの分布が里山へと拡大し，生息地が人間の生活場所と近くなると，クマの攻撃を誘発してしまうような至近距離での危険な出遭いが起こる可能性が増えると考えられます．

　ツキノワグマによる人身被害者数の推移について全国的な動向をみてみると，特徴が2つあることがわかります（図8）．1つは，被害者数がだんだん増加していることです．1980年代は年平均12名程度の被害者が，現在は75名となりました．2つ目は，2000年代になって大きな年変動があることです．2004, 2006, 2010, 2014年には，たくさんのクマが人里に出没し，人身被害が増加，被害防止のために数多くのクマが捕獲されました．このような年には，クマは市街地，海岸部など思いがけない場所にも出没します．金沢城にクマが出没した年もそうした年でした．

　大量出没の主な原因は，クマが越冬準備に食いだめをする秋に，主要な餌であるドングリなどが不作になることだと考えられています．そのような年に，腹をすかしたクマは餌を求めて行動圏を広げますが，里にはカキ，クリなどがたわわに実っています．また，残飯が放置してあると，それらがクマを人里に引き付け，クマの出没が多くなると考えられ

ます．そういったクマが人里に侵入する経路になっているのが，山から集落，市街地に入り込んでいる河川沿いの森林や集落周辺の藪です．

人身被害者数の推移について，このような大量出没の年を除いても数は増加傾向にあります．私は，クマの分布が人里付近まで広がったからではないかと疑っています．

●共存のために

人里・里山での人身事故を回避するためにはどうしたらよいでしょうか（図9）．まず，いて欲しくない地域からクマを排除することが考えられます．しかし，山の中で活動するクマの行動を完全にコントロールすることはできません．当面，人間が，クマの行動を理解し，被害がおきないように振る舞いつつ，出没するクマは管理するという方法が適当です．

そのために必要なことは，出遭わないための対策と事故の危険が高まったとき，事故が起きたときに適切な対応ができることです．まず，事故を防ぐためにどうしたらよいか，これまで得られている知識を一般の方によく理解してもらうこと．2つ目は，人間の生活環境の管理です．住宅，学校近辺など，クマが出没して欲しくない場所に不用意にクマを引き付けるものを置かないことです．生ごみは夜間に出さないで，収集の朝にだす．養蜂箱，家畜飼料，果樹園などクマを引き付けることが確実で，除去できないもののまわりには電気柵を設置します．さらに，不意に出遭わないよう，侵入経路にならないよう，集落内と周辺の藪は刈り払います．3つ目は，事故の危険が高まったとき，事故が起きたとき，迅速で的確な対応ができるような専門チームをつくっておくことです．イノシシ，シカ，サルなど他の野生動物の被害も深刻化しています．地域の猟友会や市町村とも連携し，野生動物の管理に専従できる専門チームが必要だと考えます．そして，最後になりますが，里山でクマはどんな場所をどのように利用しているのか，事故の危険がありそうなところはどんなところかなどクマと人間の行動を踏まえて危険防止法を提案できるような研究が必要です．

2-2　森のフルーツを食べるのは誰だ？

北村　俊平

● はじめに

　私は小さい頃からフルーツが大好きで，夏には畑のスイカ，秋には庭のカキやミカンが実るのを毎年楽しみにしていました．小さい頃からの果物好きが影響したのか，私は大学3年生の頃から現在まで，果実とその果実を食べる動物とのつながりを対象とした研究を続けています．

　動物とは違って，植物は自ら動くことができません．そのため，植物はさまざまな工夫をして，みずからの子孫となる種子をばらまいています．そのうち，動物を利用して種子をばらまく仕組みを動物散布とよびます．私たち人間が大好きなフルーツも，もともとは植物が動物に種子を運んでもらう工夫の1つとして進化したものです．この節では，私が取り組んでいる動物散布の研究について，石川県の里山の四季を彩る果実とそれを食べて種子を運ぶ動物たちとともに紹介します．

● 石川県林業試験場の森と自動撮影カメラ

　石川県立大学から車で20分，私が調査でお世話になっている石川県農林総合研究センター林業試験場は，白山山系から流れ出る手取川が扇状地として広がり始める山のふもとにあります．私は石川県立大学にやってきた2012年の春から，学生たちとともに果実とその果実を食べる鳥類や哺乳類の調査を継続しています．

　この調査で活躍しているのが，自動撮影カメラです（図1）．これは赤外線センサーを内蔵したカメラで，センサーの検知エリアに入った動物を自動で撮影します．このシステムのよいところは，昼夜を問わず連続観察できるところです．野外で植物を観察してみるとよくわかるのですが，動物が果実を食べる瞬間を観察するのは，なかなか大変です．十分なデータを集めるには，果実が実った植物を何百時間も観察する必要があります．しかも果実を食べる哺乳類の多くは夜も活動しています．いくら体力があっても体がもちません……．そこで私は自分の"分身"として，この自動撮影カメラを使って果実を食べる動物たちを観察して

図1　マムシグサの果実（中央の赤い実）に設置した自動撮影カメラ（右）

います．

●春の赤：ヒメアオキ

　3月末になると雪におおわれていた林業試験場にも春がやって来ます．雪解け後の森では，ショウジョウバカマやカタクリなどの花が咲き始めます．その中で，ひときわ目立つ赤い果実をつけている低木がヒメアオキです（図2）．毎年，環境科学科の3年生を対象とした生態学実習で林業試験場を訪れる4月中旬には，赤い果実と翌年の果実になる小さな紫色の花が同時に見られます．それから数週間の間にこれらの果実のほとんどが消失します．果実が実っていた木の周辺には，くちばしの痕がついた果実が落ちていることから，犯人は鳥のようです．ところが普段，森を歩いていても鳥がヒメアオキの果実を食べる瞬間を目にすることはありません．自動撮影カメラを設置して，誰がこっそりとヒメアオキの果実を食べているのかを探ってみました．

　すぐに撮影されたのは，果実が大好きな鳥の1種，ヒヨドリでした（図3）．くちばしで器用に果実を1つずつ丸呑みしていました．その後も何本ものヒメアオキを観察しましたが，結局，果実を食べたのはヒヨドリだけでした．林業試験場の森では，この時期，ヒメアオキ以外に熟した果実をつける植物はほとんどありません．ヒヨドリにとって，ヒメアオキは春の貴重な食べものになっているのでしょう．

図2 ヒメアオキの果実

図3 ヒメアオキの果実を食べるヒヨドリ

図4 ミズバショウの花

図5 ミズバショウの果実

●夏の緑：ミズバショウ

　林業試験場で春に咲く植物の中で人気のある花の1つがミズバショウです（図4）．花びらのように見える白い部分は，仏炎苞とよばれ，葉が変形したものです．本当の花は仏炎苞につつまれた中央部分で，小さな花がたくさん集まって花序をつくっています．春に咲いた花のあとには，不思議な形の果実が実ります（図5）．緑色の巨大な果実の中には，白いスポンジ状の果肉につつまれた種子が多数，含まれています．本来，ミズバショウは水で種子が運ばれる仕組みをもつ植物といわれていますが，林業試験場では，明らかに何者かが果実を食べた痕跡がありました．

　早速，自動撮影カメラを設置してみました．明るい日中は何も来ませんでしたが，暗くなってから森に暮らすネズミの1種，アカネズミがやってきました（図6）．ただし，アカネズミはミズバショウの種子を運んでいるわけではなく，種子そのものを食べているようです．アカネズミが訪問した果実には，スポンジ状の果肉が食べ残されていました．森

図6　ミズバショウの種子を食害するアカネズミ　　図7　イチョウの種子（上）とギンナン（下）

には植物の種子を運んでくれる動物ばかりではなく，アカネズミのように種子を食べてしまう，植物にとってはやっかいな動物たちもいるのです．しかし，アカネズミはドングリなどさまざまな植物の種子を運ぶこともよく知られています．ミズバショウの種子も少しは運んでいるのかもしれません．

● **秋の黄：イチョウ**

　秋になると大学キャンパスでは，イチョウの黄色の種子がたわわに実ります．イチョウは裸子植物で，この黄色い実は正確には，「種子」になります（図7）．この種子の中にあるギンナンは，和食に欠かせない食材の1つです．ギンナンを食べるには，黄色い果肉のような外種皮を取り除く必要があります．しかし，この外種皮からは，強烈な悪臭がするため，また，触るとかぶれる人もいるため，秋のイチョウには近寄らない人も多いでしょう．田園の真っただ中にある石川県立大学キャンパスでは，地面に落ちたイチョウの種子を拾っていくのは人間くらいです．一方，林業試験場の森にあるイチョウの種子もいつの間にかなくなってしまいます．悪臭を放ち，素手で触るとかぶれてしまうイチョウの種子を食べるのは誰なのでしょう．

　イチョウの根元に設置したカメラに撮影されたのは，ふかふかの毛につつまれた獣たち，タヌキ（図8），ハクビシン，ツキノワグマ（図9）などでした．ツキノワグマはギンナンがたくさん詰まったウンコまでしていました（図10）．これらの哺乳類は人間と違い，中のギンナンではなく，外側の臭い部分を食べているようです．さまざまな獣たちが食べに来ているので，独特の臭い以外にも動物を引き付ける秘密があるのかもしれ

図8 イチョウを食べるタヌキ

図9 雪を掘ってイチョウを食べるツキノワグマ

図10 イチョウを食べたツキノワグマのウンコ

ません．私もイチョウの臭い部分を少しだけ口に含んでみたところ，一瞬，さわやかな甘味が口の中に広がりました．これは甘い！　と思いましたが，すぐに後悔することになりました．に，苦い……．タヌキ，ハクビシン，ツキノワグマといった獣たちは，この甘さに引かれて，イチョウを食べにやってきているのかもしれません．でも……，苦くはないのでしょうか？

● **冬の赤：マムシグサ**

　雪が降り始める少し前，林床で枯れ始めた草の間から見えてくるのが，赤いトウモロコシのようなマムシグサの果実です（図11）．森の中でもよく目立ちますので，果実好きの鳥たちにマムシグサが見えていないはずはありません．ですが，マムシグサの果実が緑から赤へと熟し始めてもほとんど食べられることはありません．多くの場合，真っ赤な果実がそのまま地面に倒れ，雪に埋もれたまま，誰にも食べられずに春を迎えます．ただ，まったく食べられないわけではなく，果実の一部が食べられた痕跡もありました．

図11　熟し始めたマムシグサの果実　　図12　マムシグサの果実を食べるコマドリ

　最初にカメラに撮影されたのは，秋に北から南に渡っていくコマドリでした（図12）．その後，ジョウビタキ，シロハラ，トラツグミ，ヒヨドリなど，いわゆる果実好きの鳥たちが，マムシグサの果実を食べる瞬間が時折撮影されました．しかし，一度にたくさんの果実を食べることはなく，数個の果実をつまんでいくだけのようです．マムシグサの果実には，シュウ酸カルシウムという有毒成分が含まれています．私もマムシグサの果実をなめてみた経験がありますが，ほんのりとした甘さを感じた後，口の中が針で刺されるような痛みがしばらく続きました．果実が大好きな鳥たちでも，一度にたくさんのマムシグサの果実を食べることはできないのかもしれません．また，秋から冬にかけての森では，さまざまな果実が実っています．マムシグサの果実があるのはわかっているけど，鳥たちはあえて食べようとはしていないのかもしれません．

● **おわりに**
　私たちの身近な植物であっても誰がその果実を食べて，種子を運んでいるのか，ということがわかっているのは，ごく一部の植物に過ぎません．この章で紹介した自動撮影カメラを使った研究でも，果実を食べる動物たちの姿を明らかにすることができただけで，どうして動物たちがその果実を選んでいるのか，動物たちが運んだ種子は芽生えて，成長しているのかなど，まだまだ疑問はつきません．みなさんも自然を観察する目を養い，身近な植物と動物たちとの不思議なつながりについて調べてみませんか？

2-3　カビとともに生きる

田中　栄爾

　カビやキノコといった菌類の多くは植物と共存しており，そのマイナスの面は作物病害として認識されています．一方，プラスの面としては，樹木や身のまわりの草と根で共生し，植物の光合成産物を得るとともに植物に水分やミネラルなどを供給していることが知られています．このような植物と菌類の共生関係は見てすぐにわかる関係というわけではありません．生きている地上部の植物で共存している菌類は，生態系の中でどのように作用し，どのようにヒトと関わっているのでしょうか．ここでは植物上に生育しながらも植物を枯らすことのない菌類について，石川県の里地・里山においても見ることができるものを紹介します．

● 巧妙な共生をする黒穂菌

　マコモタケ（図1）はご存知でしょうか．アジア各地で食材として幅広く利用されており，水田の跡地などで栽培できることから津幡町では特産品として栽培されています．このマコモタケは，マコモという水辺に生えるイネ科植物の茎に黒穂菌（クロボキン）の1種が寄生して膨れて柔らかくなった部分を食用としているものです．もともとマコモの茎は堅くてとても食べられるものではありません．黒穂菌とは，植物組織に感染して黒い粉のような胞子を噴出させる菌の総称で，多くの植物にそれぞれ適応した菌が生息しています．マコモタケも食べる時期には真っ白ですが，放置すると黒い粉が内部に現れます．病害としては，イネの籾を墨汁のような黒穂胞子で汚してしまうイネの墨黒穂病が石川県でも発生します．黒穂菌の仲間には，黒穂胞子が花粉のように宿主植物の雌しべにくっついて花粉管を伸ばすように菌糸を伸ばして子房に感染するものや，宿主植物の種子に付着した胞子が植物の発芽とともに植物組織の中に潜伏して植物と一緒に生育して花に感染するもの，生きている葉の中で生育するものなどがあります．このように黒穂菌は，植物の成長過程を巧妙に利用して共存している菌類です．

図1　マコモタケ

図2　黒穂菌．左：道路沿いのメヒシバの穂（白山市），右：林道脇のイヌタデの花（金沢市）

●毒にも薬にもなる麦角菌

　里地にはイネ科植物が多く生息します．このイネ科植物の花に寄生して，種子と置き換わるように牛の角のような菌核（菌体の固まり）をつくる菌が麦角菌（バッカクキン：図3）です．麦角菌はパンをつくる麦類によく発生することと，食べた人が死に至ってしまうほど強い毒性を

図3 麦角菌．左上：道端のスズメノカタビラの小穂（石川県立大学構内），左下：あぜ道のヒエガエリの穂（野々市市），右：林道脇のススキの穂（金沢市）

もつことから，欧米では非常に有名な菌です．種子を食べる動物にも害を与えることから宿主植物にしてみれば麦角菌が身を守ってくれているとも考えられます．麦角菌はイネには寄生しないため日本においては大きな被害を出したという記録はありません．しかし，北陸で生産の多い麦茶の原料のオオムギにも麦角菌は発生するので収穫時には取り除かなくてはなりません．私たちが，スズメノテッポウやヒエガエリといった水田や畑地周辺によく見られるイネ科雑草に発生する麦角菌を調べたところ，オオムギへの感染源となることがわかりました．一方で，麦角菌が生産する毒成分は転じて薬用成分として人間の役にも立ってきました．古くから分娩促進薬として利用され，現在では偏頭痛やパーキンソン病や認知症に対する薬効も知られています．日本在来のススキやササなどのイネ科植物には日本固有の麦角菌が知られています．このような日本在来の麦角菌のもつ薬理作用などは十分に調べられておらず，今後，薬用資源としての価値が見いだされる可能性があります．

●黒いポップコーン：稲こうじ病菌

収穫期のイネの籾に暗緑色のポップコーンのような粒ができる病害が

図4 稲こうじ病菌（野々市市）．左：イネ籾についている胞子の固まり，右：イネ穂全体の様子

稲こうじ病（図4）で，石川県でも毎年見られます．この粒に含まれる化学物質は動物毒性もありますが，抗がん作用があることも知られています．「こうじ」といっても日本酒をつくるときに使うコウジカビは関係なく，この固まりの正体は稲こうじ病菌の胞子です．収穫した玄米に稲こうじ病菌の胞子が付着していると出荷が制限されるため病害として対策が必要となります．この菌は世界中の稲作地帯で発生して古くから知られているのにもかかわらず感染経路がわかっておりませんでした．私たちは，この菌の生活環を遺伝子解析や近縁菌の生態の類推から調べ，感染経路を推定しました．それは，稲こうじ病菌の胞子は土壌中で何年も耐え，たまたま近くに来たイネの表面を這ってイネの生長点付近で生育，出穂（しゅっすい）するまでにイネの花に入って発病するというものです．また，この菌はセミなどの昆虫に寄生する菌と比較的近縁であることもわかりました．土の中にいるセミの幼虫に寄生していたような菌がイネにも感染できるようになったのかもしれません．

● 葉の上の粉－さび菌・うどんこ菌－

さび菌（サビキン：図5）とは植物の表面に鉄さびのような黄色から黒色の胞子を吹き出す菌で，うどんこ菌（ウドンコカビ：図6）とは植物の表面に小麦粉のような白い胞子を出す菌です．どちらも身のまわり

図5　さび菌．左上：林道脇のミツバの葉面（金沢市），左下：林床のカタクリの葉裏（白山市），右：畑のコムギの葉上（野々市市）

図6　うどんこ菌．左：街路樹のエノキの葉の裏（石川県立大学構内），右：生け垣のウバメガシの葉面（石川県立大学構内）

の植物によく見られますが，さほど目立ちません．葉の表面に胞子をつくるだけで植物はほとんど影響を受けていない共生関係のように見えます．一方で，栽培植物には大量発生し病害となることもあります．さび菌・うどんこ菌は系統的には遠く離れているのにもかかわらず，生きて

図7　サクラのてんぐ巣病．密生した枝（白山市）

いる植物の上でしか生育しない，似たような生活をしています．植物の表面に付着した胞子が発芽して，表皮細胞や葉肉細胞などに吸器という器官を挿入してかなりの長い期間，宿主植物と共存して胞子をつくり続けます．どちらの菌も，生きている植物上で共存する方法を獲得した祖先になった種が1回だけ現れ，さまざまな植物上で生育できるようにそれぞれ進化したたくさんの種に分化していったグループです．これらの菌のように，限られた種類の生きている植物上でしか生育できないことは，一見して生育や増殖に困難がありそうですが，競争相手があまりいないため安定して生育できる利点があると考えられます．

● **植物の形を変える「てんぐ巣病菌」**

　てんぐ巣病とは植物の枝が密生して異常な状態になる病害の総称です．見た目から「天狗の巣」を想像してつけられた名称でしょう．英語では魔女のほうき（Witches' broom）とよびます．原因はさまざまなものがあります．有名なものはサクラのてんぐ巣病（図7）で，開花しているソメイヨシノに葉をつけて密生した枝が見られることがあります．この原因はタフリナという菌が枝の中に生育しており，植物の生育に影響する植物ホルモンのバランスを崩すことによってたくさんの枝を出す作用をもたらすようです．私たちは，タフリナ菌類が植物ホルモン関係の遺伝子を多くもっていることを明らかにしています．ただし，サクラの枝

図8 タケ類てんぐ巣病．左：河原のマダケの一部の枝（小松市），右上：道路脇のヤダケの一部の枝（金沢市），右下：マダケ枝先端部に見える菌体

を密生させることの利点はよくわかっていません．一方で，里山で問題となっている荒廃した竹林には，枝が細長く伸びて分岐を続けるタケ類てんぐ巣病（図8）がよく見られます．私たちは，この病菌の原因となるタケ類てんぐ巣病菌が，タケ類の生長点付近の細胞間隙に生育していることを明らかにしました．生長点に作用して枝を伸長させたり脇芽を伸ばしたりして何年もかけて細かい枝を増やしているのです．この菌は枝の先端に胞子をつくります（図8右下）．つまり，てんぐ巣症状を引き起こして枝を増やすことは，この菌にとっては胞子をつくる場所を増やすことになるのです．

● **おわりに**

植物の地上部に生育する菌類は農業生産で害になるものでなければあまり顧みられることはありません．一方で，ヒトの腸内細菌や皮膚常在菌がヒトの健康と関わっているように，植物体上で共存している菌類は生態系のバランスを保つ重要な役割があります．今後，少しずつその役割が紐解かれていくでしょう．

2-4 森と海をめぐるアカテガニの大冒険

柳井 清治

　石川県の沿岸地帯，広葉樹林の森にはアカテガニというカニがすんでいます．このカニは木々に登り葉を食べたり，地面に穴を掘って生活しています．そして夏の夜，多くのメスガニが海辺に集まりに腹いっぱいに抱えた子供を海に放ちます．海に放たれた子供はゾエアとよばれ，海流に流され河口から海に浮遊ししばらく生活して成長し，再び稚蟹となって上陸し森林生活を送ります．この章ではそうしたアカテガニの森と海をめぐる大冒険と魚たちとの関わりについて紹介します．

● アカテガニとは？

　アカテガニはベンケイガニ科に属するカニの一種です．この科の種の多くは海岸域の森林に生息し，陸上生活に適応した陸ガニといわれています．陸ガニの中でも，アカテガニはもっとも陸上生活に適応した種の1つです．アカテガニの甲幅は最大3〜4 cmであり，オスは大きな赤いツメ（鉗脚）を持ち，メスと比べてその大きさが際立ちます．甲羅の表面は褐色ないし青灰色で，その表面にまるでスマイルマークのような斑点と線があります（図1）．カニは基本的に鰓呼吸を行いますが，陸

図1　アカテガニ．甲羅の中央にスマイルのような模様がある

図2 鹿島の森．手前が北潟湖，向こうに日本海が見える

ガニは口から鰓呼吸した水を吐き出し，腹部を這わせ足の付け根から取り入れる循環システムにより陸上生活に適応しています．そのため，水を補給するため森にいても水辺から離れて生活をすることができない生き物なのです．

●アカテガニの棲む森

　「鹿島の森」は大聖寺川と北潟湖の間にまるでお椀を伏せたような丸い島に形成された森です．タブノキ，シイノキ，シロダモなどからなる常緑広葉樹と，落葉広葉樹であるケヤキとの混交林から構成され，胸高直径1 mを超える高齢木もあり，1938年に天然記念物に指定されています（図2）．

　森の中に足を踏み入れると，あちこちからガサゴソと落ち葉をかき分ける音が聞こえ，小走りにかけだす大小のアカテガニを見ることができます．また雨が降っているとき，アカテガニたちは樹幹を伝って落ちる雨滴の中に気持ちよさそうに列をつくって水浴びをしています（図3左）．ヤブツバキのように木の肌がつるつるで滑りやすい表面も足を使ってバランスよく登る様子は，まるで忍者のようです．アカテガニの餌は森の落ち葉が中心で，池や小川に落ちた葉をちぎって食べていたり，低木のヒメアオキにのぼり生葉を鋏でちぎり口に運んでいるものもいます（図

図3 雨の日に木に登り，列をつくって水浴びするアカテガニ（左）．樹上で葉を食べるアカテガニ（右）

3右)．しかし葉だけでなく，木の実や樹上から落下したガの幼虫（イモムシ），そしてキノコなどさまざまな餌を好んで摂食することがわかってきました．

● **夏の夜，浜辺で放仔を行う**

　アカテガニは2〜3年で成熟して繁殖行動を行うようになります．6〜7月になると森のあちこちで交尾を行っているペアを見かけ，腹に多くの卵を抱えたメスを見かけるようになります．

　やがて7月中旬から8月にかけて夜浜辺に集まり放仔行動を行います．放仔とは腹に抱えた幼生（子供）を海に放つ行動をさします．卵の中はすでに孵化が進んでおり，殻が破れて幼生が海に放出されることからそうよばれています．放仔行動は満月で大潮の日に行われるといわれます．石川県ではとくに満月でなくても放仔は行われますが，満月や新月で潮位の差が大きい期間に浜辺に集まる傾向があります．

　放仔は夕暮れとともに始まり，午後8〜9時まで盛んに行われます．最初卵を抱えたメスガニは警戒心が強くあたりをじっとうかがっており，やがてそろりそろりと水の中に入り始めます．そして水の中に潜ると体を震わせ，腹に抱えた幼生を一気に放出します．放出された幼生はまるで煙のような状態で湧き上がり，やがて流れに消えて行きます．放出を

図4 放仔するアカテガニ（右上）を狙う魚たち（左下）

終えたメスガニはすばやく岸辺に戻り今まで卵を抱えていた腹部をパクパクさせるしぐさを見せ，やがて森に消えて行きます．だが，その一部は岸辺で待ち構えていた大きなオスガニにつかまり，交尾を行い次の産卵・放仔に備えることとなります．アカテガニはこうした放仔行動を年に2〜3回行うといわれています（口絵参照）．

●カニの幼生をめがけて多くの魚たちがやってくる

　私たちは放仔行動を観察するため，夜間でも撮影できるカメラを設置し数分間隔で撮影していたところ，興味深い映像をとることができました．それは水中に現れたおびただしく光る点でした．最初水面に浮かんだゴミを反射したものかと思いました実はその点は魚の目であり，放仔するカニをめがけて魚たちが突進を繰り返していることがわかりました（図4）．魚の種類を確認するため，許可をとり投網で魚の捕獲を行ったところ，魚の種類はボラの仲間，クロダイ，スズキ，マハゼなどでした．とくにボラの仲間は数十の群れをつくりカニに群がり，放仔されるのを待ち構えていました．捕獲した魚の腹を裂き胃の中身を顕微鏡で確認してみたころ，ボラ類においてはほぼ100％をゾエアで占められることがわかりました．

図5　河口周辺で捕獲されたスズキと胃から出てきたボラ（下）

　また，カニの放仔行動の最中に，その背後で大きな魚の水面から飛び上がる音が無数に聞こえてきます．釣り好きの学生は，この音はシーバス（スズキ）であると教えてくれました．鹿島の森の河口はシーバス釣りのメッカといわれています．そこで学生たちがルアーで釣りを行ったところ，60 cmを超える大きなスズキを吊り上げることができました．早速このスズキの腹を裂いて胃の中身を調べたところ，ゴロンと胃の中から出てきたのは10 cmほどの大きさのボラでした（図5）．スズキはボラを丸ごと飲み込んでいたわけです．このことからアカテガニの子供は河口にすむ小魚の餌になり，それはやがてスズキなどの大型の魚へとつながってゆくことがわかりました．つまり森にすむカニは豊かな里海づくりに貢献しているといえそうです．

●謎の多い海での生活

　海に放出されたばかりのカニの幼生はゾエアとよばれ，何回か変態を繰り返してメガロパとなり，やがて岸辺に回帰します（図7）．ゾエアは体長が0.5 mm未満で背中に鋭い棘をもち，元気よく体を動かしていますが，自ら泳ぐ力はなく波任せで漂い，潮の干満に合わせて海に流されて行きます．しかしこのゾエアが海でどのように成長してゆくかについてはほとんどわかっていません．

　私たちは8月の満月の夜，近くのマリーナにお願いし一艘の船を出していただきました．そして河口から沖に向かってプランクトンネットを引き，ゾエアの捕獲を試みました．その結果，ゾエアの個体密度は河口

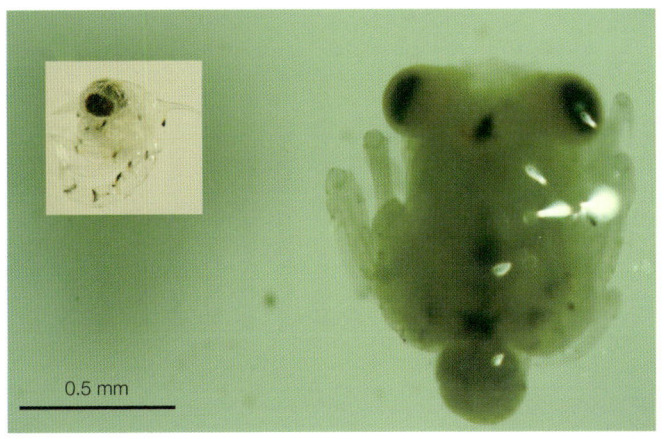

図6　アカテガニのゾエア（左）とメガロパ（右）

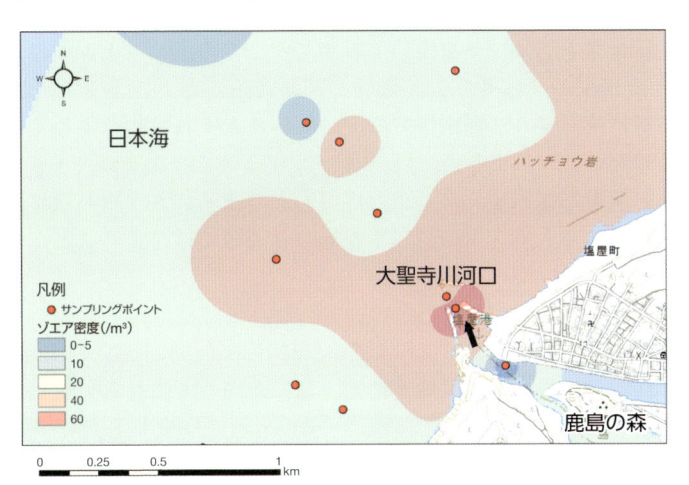

図7　大聖寺川河口域におけるゾエアの分布密度

付近がもっとも高く，2km離れた沖合でも確認することができました．ゾエアは河口から海に流出し，広く拡散することがわかりました（図7）．

　次にゾエアを実験室内で飼育を行ったところ，塩分濃度0％では1〜2日で死亡しましたが，塩分濃度1〜2％前後で生残率が高くなることがわかりました（図8）．これは河口〜沿岸域の塩分濃度に対応しており，この周辺で成長，変態を繰り返して大きくなると推定されました．

　放仔から1〜2ヶ月ほどたった9月半ばの夜，私たちは大聖寺川の河

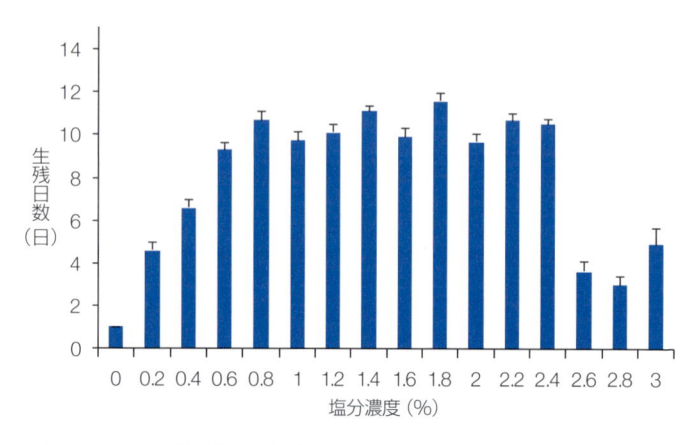

図8　ゾエアの塩分濃度に対する生残日数

口でプランクトンネットを曳いてみました．するとネットの中に大きさ2～3mm程度のすばやく動く動物を捕まえることができました．これを実験室に持ち帰り，顕微鏡でのぞいてみるとそれは紛れもなくゾエアが成長したメガロパでした（図6）．ゾエアより5倍以上の大きさでカニに近い形態をしていますが，まだ尻尾もあります．メガロパは移動能力が強く10月まで大聖寺川の河口や鹿島の森周辺で捕まえることができました．

● 再び森へ

メガロパは成長すると尻尾が消え，湖に着底して歩行し，やがて岸辺に上陸します．10月半ば岸辺には3～5mm程度に成長した稚ガニを多く観察することができます．とくにヨシが生い茂る河岸や落ち葉の堆積した砂地に多く見られることから，稚ガニにとって自然な川岸と植生はとても重要な生息場となっているようです．現在，多くの河川や海岸には浸食を防ぐためのコンクリート構造物が設置されていますが，カニ類の移動の障害となる可能性が大きいようです．

アカテガニの子供が海を回遊し元の森に戻る割合は極めて低いと考えられています．森から海への大冒険を乗り越えて戻ってきたカニは，最後に人間のつくった構造物に行く手を阻まれることになるわけです．森と海を行き来し，豊かな海づくりにも寄与するアカテガニたちの保全を今後真剣に考えてゆく必要があると思います．

2-5　落ち葉を食べる海岸林の生きものたちと微生物

三宅　克英

● はじめに

　海や川に直接面した森林は水辺林あるいは海岸林とよばれます．私たちは天然の海岸林に生息する生物を研究対象にしています．暖地性植物である常緑広葉樹による原生林が海と接する海岸林は貴重な自然資源であり，ここ石川県でも加賀市の大聖寺川河口の鹿島の森や能登半島北東岸の能登町に属する九十九湾（図1）が代表的な海岸林として知られています．これらの森は数百年も斧を入れたことがなく，タブノキ，スダジイ，ヤブツバキ，ヤブニッケイなどの常緑広葉樹林が自然のままに繁茂しています（図2）．

　これらの森林と周辺の海域は多くの生物を育んでおり，豊かな生態系を形成しています．森林内には陸ガニの1種アカテガニがよく観察され

図1　石川県の水辺林

図2 鹿島の森の中の様子

ます．初夏から秋にかけて，この森林に足を踏み入れると，落ち葉の上をカサカサと逃げていく多くのアカテガニを見つけることができるでしょう．また，森に生きているのはカニだけではありません．落ち葉の積もった水たまりにはヨコエビもすんでいます．このように，植生豊かな海岸林では，多くの生物が育まれていますが，森林が接する海域でもいろいろな生物が生きています．さまざまな魚たち，ウニやナマコ，ヒトデなどもよく見られます．これらの生物たちは，豊かな海岸林からの栄養分の流れ込みの恩恵を受けて，恵まれた環境で生活しています．昔から漁業に従事する人たちの間では，海岸林が魚を引き付けるという言い伝えもあり，こうした森林は魚つき林ともよばれてきました．森林と海は生態的につながっています．私たちが研究対象にしている森林内のアカテガニやヨコエビ，海域のイソメやフナクイムシ（図3）もこの大きな物質循環の流れの中で重要な役割を果たしていると考えられます．アカテガニやヨコエビは，森林地表面に積った落ち葉や廃木片を食料とし，分解した後は他の動物や海の生きものの餌となってこのサイクルに貢献していますし，イソメやフナクイムシは海岸林から海に落下した廃木にすみついて分解を促進します．これらの生物は，バイオマスを分解し，その循環サイクルに参加しているわけです．私たちはこれらの生きもの

アカテガニ	ヨコエビ
イソメ	フナクイムシ

図3 能登九十九湾海岸林にすむ生きものたち

たちの，バイオマスを分解する力に注目して研究を進めています．うまく利用できれば，バイオマスエネルギーの開発などに役立てることもできるはずです．

●海岸林の生きものたちから微生物をとりだす

　海岸林の生きものたちが落ち葉や廃木などのバイオマスを分解する能力をもっていると述べましたが，明らかになっていることは多くありません．アカテガニを水槽で飼っているとき，落ち葉をすぐに食べてしまいますし，1年以上落ち葉だけで生きていくこともできます．場合によっては廃木を直接食べることすらあります（図4）．私たちはこのバイオマス分解能力に微生物が関わっていると考えています．ウシやシロアリは，腸内に微生物を飼っていて，自分では分解できないバイオマス成分のセルロースを分解して，消化するのに利用しています．私たちはアカテガニやヨコエビでも，共生微生物がバイオマス分解に役立っているのではないかと思っています．現在私たちはアカテガニを解剖して，消

食べられた落ち葉　　　　　　　　　　食べられた廃木（点線内）

図4　飼育アカテガニによる落ち葉や廃木の摂食

カニを氷上で冷却
⇩
オスバン液で表面を洗浄（表面殺菌）
⇩
口のあたりから開いて胃と腸を採取
⇩
PBSでホモゲナイズ
⇩
LBプレートに播種

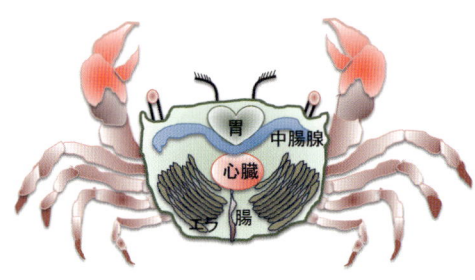

図5　カニの解剖図

化管から微生物を取り出しています．カニの解剖は図5に示すように行いました．カニの内臓は，口のすぐ下に大きな胃があり，ここに多くの食物残渣が見られます．腸は胃と肛門をつなぐ小さな器官となっており，共生微生物がいるとすれば，主に胃の部分ではないかと予想されます．私たちはアカテガニから胃，中腸腺，腸に相当すると思われる臓器を摘出して微生物の単離に使用しています．臓器は細かく破砕し，これを細菌培養用のプレートに播いて培養します．なお，ヨコエビ，イソメ，フナクイムシに関しては，小さすぎて解剖することはできませんので，そのまますり潰して抽出液としました．プレートに臓器の抽出液をぬり，1日くらい30℃で培養していると，コロニーといわれる細菌の集落が見えてきます（図6）．1個の細菌は数マイクロメーターしかないので目に見えませんが，14万個以上になればプレート培地上で目に見える集落（コロニー）を形成します．集落1個は細菌1個から発生したものですから集落数を数えることで菌数測定ができます．この方法で培養を行うと，アカテガニからは1匹当たり50万のコロニー，ヨコエビからは約5万コロニー，フナクイムシからは1万コロニー，イソメからは2000コ

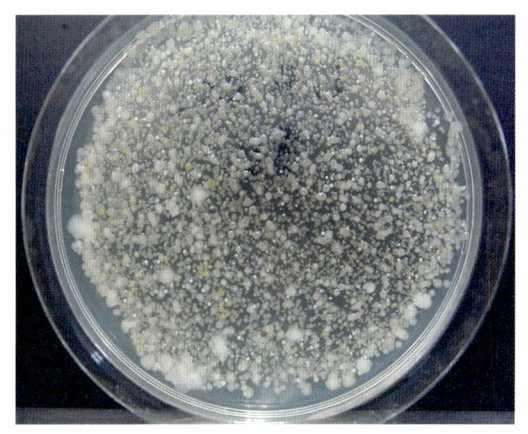

図6 アカテガニから得た細菌群のコロニー

ロニーの細菌を培養することができました．コロニーの形状から明らかに違う種類と推察されたコロニーを回収しています．結果としてこれまでにアカテガニからは15株，ヨコエビから29株，イソメから22株，フナクイムシから19株の細菌を取得できました．いずれも好気で簡単に培養できる細菌です．これらの細菌からゲノムDNAを回収して，そこから16s rRNA遺伝子を増幅させて塩基配列を解析しました．16s rRNAはすべての細菌で共通に存在しており，配列のデータベースがあるため，得られた細菌の同定によく使われます．

●得られた細菌のバイオマス分解活性を調べる

次に単離された細菌の活性を検討してみることにしました．培養プレートにリグニンやセルロースを含ませて，その上に得られた細菌を植えてコロニーを形成させて観察します．するといくつかの細菌で，分解を示すハロ（コロニーのまわりの白く抜けた領域）が形成されることがわかりました（図7）．この結果は細菌コロニーのまわりのセルロースやリグニンが分解されるか，吸収されるかして濃度が薄くなってしまったことを意味します．そこで本当に分解が起こっているのかどうか確かめるために，細菌培養液から酵素液を調製し，セルロースやリグニンと反応させてみました．その結果，代表的な単離菌株 *Bacillus licheniformis* LB1株は両方のバイオマス成分を分解し低分子化していることがわかりました．

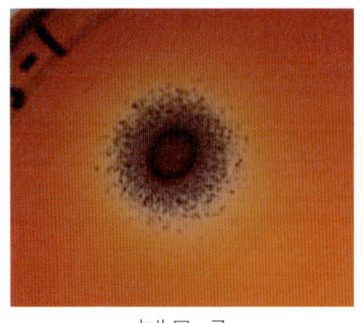

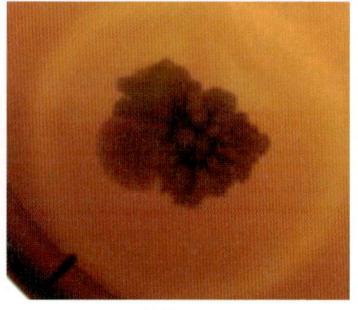

| セルロース | リグニン |

図7 ハロ形成

　これらのことから，アカテガニは胃や腸にバイオマス分解菌を飼っていて，容易に取り出して利用することができることがわかってきました．今後は培養法を工夫して細菌を探索すれば，より強力な分解細菌を取得できるのではないかと期待しています．これまで世の中ではリグニンを分解できるのは，キノコの一種である白色腐朽菌だけであるという共通理解がありましたが，細菌の中にもリグニンを分解できるものがいるという発見は，今後のバイオマス有効利用の実現に向けた大きな一歩になるのではないかと考えています．

●今後の展望

　白色腐朽菌よりも増殖が速く，培養も容易な好気細菌からリグニン分解能力を見出したことは特筆すべき成果ではありますが，まだまだ反応性が弱いという問題があります．培養法の工夫を重ねるなどさらなる細菌の探索が重要だと考えています．いろいろな課題は残されていますが，私たちは海岸林の生物たちという普段は見過ごされている生物資源を利用して，興味深い活性を示す細菌を得ることができました．生物そのものではなく中の細菌をとるだけですので，多くの生物を必要とせず，環境に対する影響も最小限と考えられます．また細菌の役割を考えると，アカテガニの生態に対しても何らかの影響を与えている可能性もあります．この研究は，海岸原生林，アカテガニなどの生物たち，微生物，そしてそれらを（物質的にも，精神的にも）利用するものとしてのヒトの関わりを考える，あるいは見つめ直すよいきっかけにもなりうるのではないかと思っています．

2-6　イカリモンハンミョウを守るために

上田 哲行

● **希少種イカリモンハンミョウ**

　能登半島の羽咋市から志賀町にかけて伸びる約3 kmの砂浜にイカリモンハンミョウ（今後，イカリモンとよびます）という昆虫がすんでいます（図1）．ここ以外では，南九州の一部の砂浜にだけ分布しています（図2）．ずいぶん奇妙な分布ですが，その理由はわかっていません．石川県では，かつては内灘町から羽咋市までの範囲の砂浜にたくさんいたそうです．しかし，1970年代になると急激に数を減らし，1980年頃には絶滅したと思われていました．1994年に現在の場所で再発見され，石川県の天然記念物や希少野生動植物種に指定され，保護されるようになりました．しかし，この最後の生息地でも数が減り始めています．そこで，2011年から私の研究室でも学生たちと一緒に減少原因の解明に取り組むことにしました．

● **イカリモンの成虫と幼虫の生態**

　イカリモンは肉食性で，海岸に打ち上げられた海藻を食べるハマトビ

図1　イカリモンハンミョウの成虫（撮影：宮川泰平）．白い線で縁取られたグレーの部分に錨の模様が浮かび上がる

イカリモンハンミョウの
イカリは"錨"からだよ！

ハマトビムシ

図2　イカリモンハンミョウの国内での分布

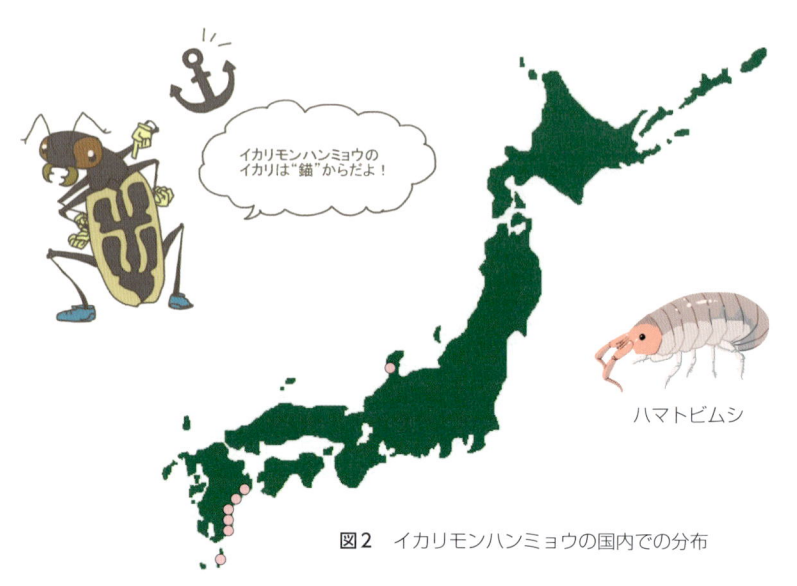

汀線　砂丘
湿砂帯　移行帯　乾砂帯
打上げ海藻

図3　イカリモンハンミョウがすむ砂浜の様子

ムシ（甲殻類）など小動物を餌にしています．成虫は，絶えず波が打ち寄せている渚（汀線）の近くを積極的に動きまわって獲物を捕獲します．一方幼虫は，汀線から30〜40 mほど内陸に入った，湿った砂が乾いた砂に変化する場所（移行帯；図3）にいます．砂中に巣穴を掘り（図4），

図4 砂中に掘られたイカリモンハンミョウ幼虫の巣穴

図5 巣穴の入り口で獲物を待ち伏せするナミハンミョウの幼虫（Hori, 1982より一部改変）
上は真上から見た図．下は真横から見た図．点線で囲まれた範囲に入った獲物を捕獲する．プロレス技のバックドロップのように後方にのけぞって捕獲することが多いため，後方の捕獲範囲が広くなっている．幼虫の背中の突起（突び出した部分）はハンミョウ類の幼虫に特徴的であり，獲物を捕まえるときに，穴から出てしまわないための「くさび」の役目を果たしていると考えられている．

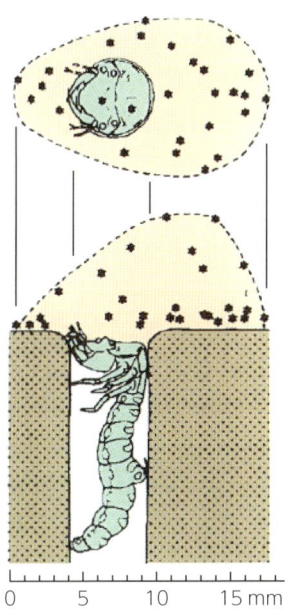

獲物が来るまで巣穴の入り口で辛抱強く待っています（図5）．獲物が近づくやいなや後方にのけぞるように身を乗り出して獲物を捕まえます．

●個体数変化

　減少原因を明らかにするためには，まず個体数の変化の様子を詳しく知ることが重要です．しかし，調査方法や調査時期，調査時の天候などに大きく左右されるため，それは必ずしも容易ではありません．ただ，大まかな傾向として次のようにいえます．現在の生息地のほぼ中央に甘田川という小さな川が流れ込んでいます．その川の北側では再発見直後は2000頭ほどいたものが，現在では数頭というように数の減少が著しく，南側では再発見後も現在も500頭前後であまり減っていません．海岸を歩いてみると，甘田川より北側の砂浜は狭く，傾斜が急になっていますが，南側の砂浜は広く，傾斜もゆるやかなことが一目瞭然でした（図6）．このような地形の違いが関係しているのでしょうか？

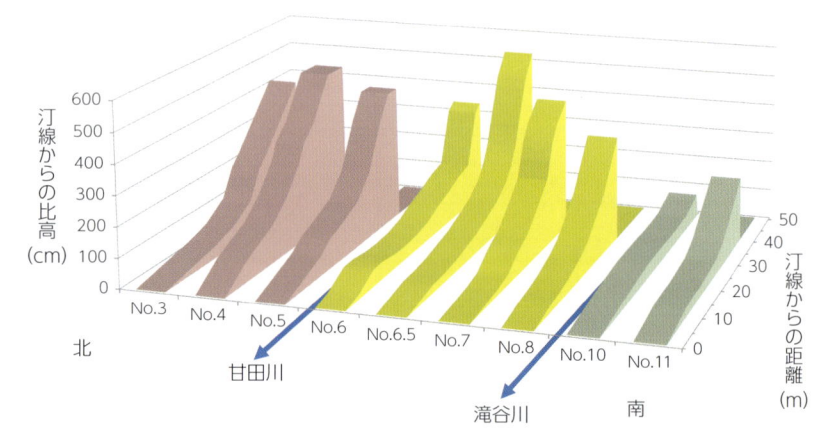

図6 イカリモンハンミョウが生息する海岸の地形の海陸方向の横断面図の一例
手前が汀線．左が北，右が南方向を示す．青矢印は河川の位置を示す．

●波によってつくられる砂浜

　砂浜は，波の働きによってつくられ維持されている場所です．波によって陸に持ち上げられた砂は，波によってまた海に戻されます．このような波の攪乱作用が頻繁にあるため，砂浜には植物が生えていません．砂浜の背後にある砂丘は，砂浜の砂が風で運ばれてできたものです．めったに波が来ないので植物が生えています．幼虫がすむ移行帯にも年に何度かは波が来ます．波は砂浜を侵食しますから，幼虫の巣穴も波で破壊される危険性があります．幼虫も波にさらわれ死んでしまうかも知れません．

●波の侵食の程度を測定する

　その危険性はどの程度でしょうか？　それを知るためには，波によって砂が侵食される深さ（侵食深）を知る必要があります．幼虫は深さ30 cmほどの穴にすんでいますから，30 cm以上の侵食があれば危険と考えるわけです．波は侵食と堆積の両方の作用を行うため，砂浜の表面の高さの変化を測量するだけでは実際の侵食深を知ることはできません．そこで，砂浜に金属の棒を垂直に立て，その棒に通した金属のリングの動きから侵食深を測定しました．まず地表面にリングを置きます．波が来ると砂は侵食され，侵食された深さまでリングが沈むはずです．その後，波の力が弱まるとリングの上に砂が堆積します．つまり，最初の地表面からリングが低下した位置までが侵食深で，リングから新しい地表

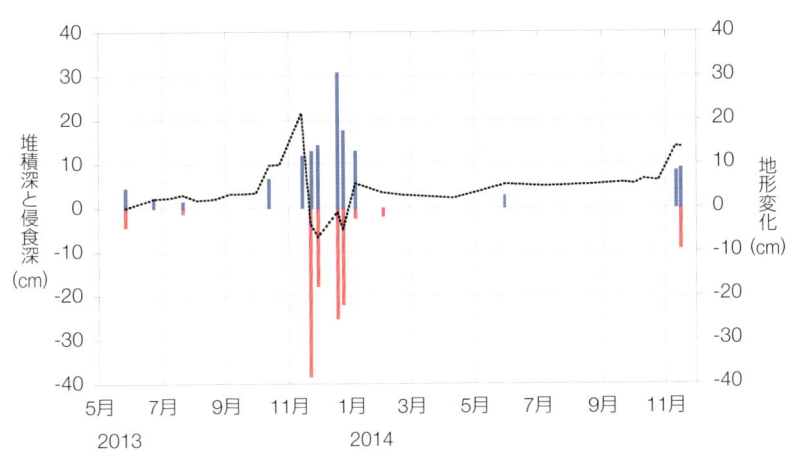

図7 ビーチサイクルの様子
赤棒は侵食深を，青棒は堆積深を示す．1 cm以内の侵食と堆積は省略．点線は，2013年5月の地表面を基準にした地表面の高さの変化を示す．

面までの砂の厚さが，新たに堆積した砂の深さ（堆積深）を示すことになります．

● ビーチサイクルと砂浜地形

　この方法で調べた結果，冬に大きな侵食が起こりやすいことがわかりました（図7）．また，春から秋にかけては，侵食より堆積する砂の量の方が多く，冬には，その逆になるため，砂浜がほぼ元のような状態に回復する傾向がありました．これは沿岸の海底にあった砂が，春から秋にかけて波の作用で陸のほうに移動し，冬にそれがまた海に戻されていることを示しています．この現象をビーチサイクルとよびます．

　甘田川より南側ではビーチサイクルが見られ，広く平坦な砂浜が維持されていましたが，甘田川より北では，冬の侵食が海の近くに限られ，奥のほうは砂が堆積したままでした．それで傾斜がきつい砂浜ができたようです．また，波が奥まで届かないので，植物がその分，海寄りの場所にも生育するようになり，その結果，砂浜が狭くなってきたと考えられました．

● 幼虫は波にさらわれないのだろうか？

　イカリモンの数が変化していない甘田川の南でも，場所によって幼虫

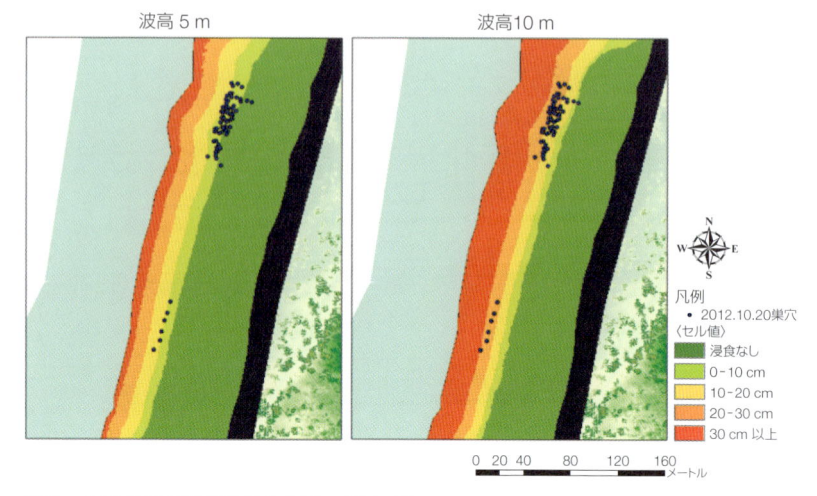

図8　イカリモン幼虫のためのハザードマップ
波高が5mの場合と10mの場合を示す．侵食の大きさを10cm刻みで色を変えて示す．黒丸は幼虫の巣穴が確認された位置を示す．

の巣穴の深さを越える大きな侵食が冬に観測されました．イカリモンは幼虫で冬を越します．冬の間に幼虫は波にさらわれてしまわないのでしょうか？

　実は，この問題はまだ十分にはわかっていません．冬の間の幼虫の様子がよくわからないこともありますが，棒ごとリングが流されてしまったりするため，冬の間の侵食の大きさを正確に測定できていないからです．そこで，測定できたデータを元に，大きな波が来た場合，どこが危険かを予想するハザードマップを流域環境学研究室の柳井清治先生に作成してもらい，幼虫の分布と重ねてみました（図8）．それによると，10mの高波（めったに来ません）でも半数以上は助かる場所に幼虫が分布していることがわかりました．幼虫は，かなりぎりぎりのところでうまく生き延びているようです．

●なぜもっと安全な場所にすまないのか？

　でも，なぜ波の影響がなく，もっと安全な砂丘にすまないのでしょうか？　砂浜に比べて，砂丘は餌が少ないのではないかと予想を立て，それを確かめる実験を行いました．海から陸の方向に落とし穴（プラスチックコップ）をいくつも仕掛け，そこに落ちる小動物（ほとんどがハマ

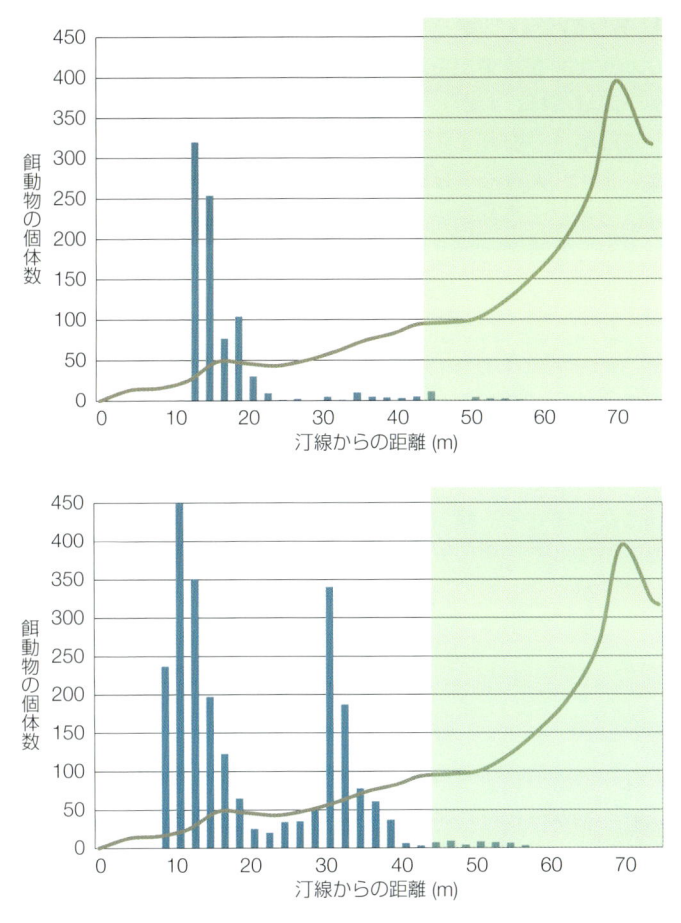

図9 ピットホールトラップの結果の一例．青棒がピットホールトラップに落ちていた餌動物の個体数を示す．茶色で示した線は地形横断面を，緑色部分は植物が生えている範囲を示す．
上：打上げ海藻が汀線付近に限って存在する場合．
下：打上げ海藻が砂浜の奥の方にも存在する場合．

トビムシ）を数えることで，餌動物の分布を調べました．その結果は予想通りで，餌動物は打上げ海藻が多く見られる汀線近くに多く，そこから陸の方向に向かって急激に減少しました（図9上）．興味深いことに，砂浜の奥のほう（移行帯付近）にも打上げ海藻がある場合は，そこでも多くの餌動物が見られました（図9下）．しかし，いずれの場合も，砂丘地では餌動物はほとんど採集されませんでした．

● **イカリモンのジレンマ**

　以上のような調査結果から，イカリモンの幼虫がなぜ移行帯にすんでいるのかがおぼろげにわかってきました．波にさらわれる危険性は海から離れるほど小さくなりますが，一方で海から離れるほど餌が乏しくなってしまいます．大きな波は危険な存在ですが，同時に砂浜の奥にまで打上げ海藻を運び，それにつられて餌になるハマトビムシが移行帯にやって来るようになるので，幼虫にとっては「諸刃の剣」ともいえる存在です．このようなジレンマの中で，彼らが見つけたぎりぎりの解決策が移行帯にすむことだったのでしょう．また，適度な湿り気をもった移行帯の砂は，巣穴を維持する上でも欠かせません．傾斜がきつく狭い海岸では移行帯がほとんど存在せず，波の危険が小さい場所の砂は乾いています．さらさらの状態の砂では，巣穴を掘ることもできません．しかし，湿った砂を求めるとなると，波にさらわれる危険性が高い海寄りに移動しなければなりません．傾斜がきつくなった砂浜には，幼虫が暮らしていける場所がほとんど残されていないのです．このことが甘田川より北でイカリモンが大きく数を減らした主な理由だと私たちは考えています．

● **これから**

　では，どのようにしてイカリモンは，そのぎりぎりの場所を知ることができるのでしょうか？　そもそも甘田川より北ではなぜビーチサイクルが見られないのでしょうか？　みなさんもきっと疑問に思ったことでしょう．解決しなければならない問題がいくつも残されています．現在，石川県立大学のほかの研究室も加わり，研究は大きな広がりを見せています．それぞれの得意分野を生かして，さまざまな角度から研究を進めることで，この小さな虫を守ろうとしています．イカリモンは，およそ30万年前，人類がやって来るはるか以前に能登にたどり着き，今まで生き延びてきたのです．彼らの悠久の命のつながりを私たちの時代で終わらせてはいけないという共通の思いがそこにあります．

Column 2
幻のバッカクを求めて

　私は微生物ハンターになりきっています．日本に名前だけが残っているバッカク菌を探し求めて，過去の記録を頼りに，北は青森から，南は奄美大島まで訪ね歩きました．10年ほど前までは記録が残っている場所でも，開発などの影響からか，宿主となる植物がなくなってしまったからでしょうか，バッカク菌は見つかりません．バッカク菌はどこに行ってしまったのでしょうか．ところが，そのバッカク菌を大学内の農場で見つけたのです．イネ科のスズメノカタビラにとりついたバッカク菌です．ちょっと様子がおかしいスズメノカタビラを見つけましたので，目を凝らしてみると，なんとバッカク菌なのです．大喜びで持ち帰り，詳しく調べてみています．これまで報告のあるバッカク菌とどう違うのか，記録のない新しいバッカク菌なのかわくわくしています．バッカク菌を追い求める微生物ハンターの道のりを，今歩み始めています．
　　　　　　　　　　　　　　　　　　　　　　　　　　　　　　棚田　一仁

岩手県盛岡市での調査風景

第 3 章
水を活かす

(撮影：長野峻介)

3-1　加賀平野を潤す

森　丈久

　農業に欠かせない農業用水（灌漑用水ともいいます）は，いろいろな施設によって農地まで運ばれてきます．農業用水を農地まで運ぶ役割を果たしている施設を農業水利施設とよんでいます．農業水利施設には，河川の水を貯める「ダム」，河川から水を取り込む堰「頭首工」（3-2参照），農地まで水を運ぶ「用水路」などがあります．

　ここでは，石川県の穀倉地帯である加賀平野の農業生産を支えるために手取川流域に建設されたさまざまな農業水利施設の歴史や役割について解説します．

● 水を貯める「大日川ダム」

　手取川流域農地を潤す農業用水の供給源の1つに大日川ダム[1]があります（図1）．大日川ダムは，農業用水の確保のほか，洪水調節や発電を目的に，手取川支流の大日川中流部において建設が始まり，1968年に完成しました．大日川ダムには，冬に降り積もった豊富な雪の雪解け水が

図1　大日川ダムの堤体

図2 大日川へ放流中のダム

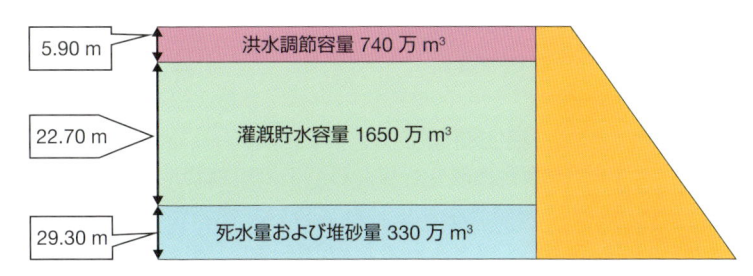

図3 貯水容量の配分図
（5.90 m：洪水調節容量 740万 m³／22.70 m：灌漑貯水容量 1650万 m³／29.30 m：死水量および堆砂量 330万 m³）

　農業用水として蓄えられ，手取川扇状地と加賀三湖周辺の農地，約1万haに用水を供給しています．なお，農業用水を大日川に放流するときに，一部の水が発電用送水管を通って下流の発電所へ運ばれ，水力発電を行っています．水の必要な灌漑期には大量の農業用水を大日川へ放流しています（図2）．

　ダムの種類には，堤体が岩石や土でできているフィルダム，コンクリートでできているコンクリートダムなどがあります．大日川ダムは，堤体がコンクリートでつくられ，コンクリート自体の重さにより水圧を支える重力式コンクリートダムです．大日川ダムの規模は，堤高59.9 m，堤長238.0 m，堤体積30万9400 m³，総貯水量2720万 m³となっています．大日川ダムに貯める水のうち，有効貯水量（実際に使える水の量）は2390万 m³におよび，そのうち1650万 m³が農業用水，740万 m³が洪水調

図4 白山頭首工全景（写真提供：北陸農政局手取川流域農業水利事業所）

節容量となっています．土砂などが貯まる分などの容量として330万m^3が確保されています（図3）．

● 水を取り込む　白山（しらやま）頭首工

　手取川の水を用水路に取り込むため，手取川扇状地の扇の要に当たる場所に白山頭首工が建設されました（図4）．頭首工とは，川から必要な農業用水を用水路に引き入れるための施設で，水の取入口や取水堰などから構成されています．

　白山頭首工は，1937年に手取川水力発電株式会社（現在は北陸電力株式会社）が発電用水取水用の堰や水路をつくったのが始まりです．1949年に堰の高さが50 cmかさ上げされ，発電用水路のとなりに農業専用水路が新設されました．その後，1967年に手取川の水を右岸から左岸に導く「宮竹サイホン」が建設されました．サイホンとは，水路が川や道路などを横断するときにそれらの下をくぐって水を運ぶためのパイプ状の構造物です．こうして，手取川の右岸側に位置する七ヶ用水と左岸側に位置する宮竹用水の水が白山頭首工から取水できるようになりました．現在，白山頭首工からは最大で55.96 m^3/sの農業用水が取水され，約7400 haの農地に供給されています[2]．

　このように白山頭首工は，加賀平野に供給する農業用水を取り込む重要な役割を今日まで果たしてきましたが，建設されてから70年以上が経過し，あちらこちらにひび割れなどの傷みが生じています（図5）．こ

図5　ひび割れなどの傷みが目立つ堰柱

図6　改修工事中の固定堰部分

のままの状態で使い続けると農業用水の安定的な供給に支障をきたすおそれがあるため，2013年から国の直轄事業による大規模な改修工事が行われています（図6）．この改修工事では，頭首工の上下流を魚が行き来できるようにする「魚道」の改修や新設も行われています．改修工事の完了後には，自然環境に配慮した新しい白山頭首工の姿が見られることになります．

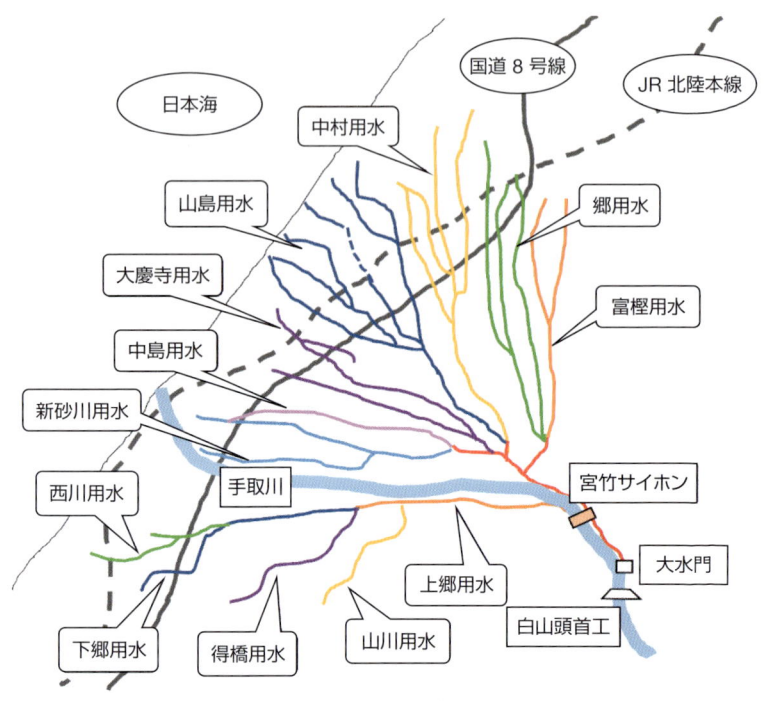

図7 手取川扇状地に張り巡らされた七ヶ用水と宮竹用水

●水を配る「七ヶ用水，宮竹用水」

　手取川の水を加賀平野に供給する役割を担っているのが「七ヶ用水」と「宮竹用水」です．七ヶ用水は手取川の右岸側に，宮竹用水は左岸側に農業用水を供給しています（図7）．
1）七ヶ用水
　七ヶ用水[3]は，「富樫用水」「郷用水」「中村用水」「山島用水」「大慶寺用水」「中島用水」「新砂川用水」の7つの用水で構成されています．古くは平安時代の末期に手取川から用水を取り入れていた記録が残っていることから，七ヶ用水の一部はすでに約千年前につくられていたと思われます．
　手取川は頻繁に洪水が発生し，そのたびに本流の位置が変わったり，本線から枝分かれした支流ができたりしてきました．また，土砂の堆積により河床が高くなり，従来の取水口からは水が取れなくなることがしばしば起きました．江戸時代の末期には，このような事態を打開しよう

図8　大水門（写真提供：手取川七ヶ用水土地改良区）

図9　七ヶ用水給水口

と，取水口がもっとも上流にあった富樫用水において，枝権兵衛の手により用水を安定して取れる取水口の建設が始められました．難工事の末，1869年に309 mのトンネルと730 mの水路が完成しました．

　明治時代に入ると，手取川右岸にあった複数の用水の取水口を「大水門」（図8）にまとめる工事が行われ，大水門で取り入れた水を放出する「給水口」（図9）とともに1903年に完成しました．この大水門と給水口は，2009年に土木学会の「選奨土木遺産」に選ばれました．また，2014年には大水門と給水口を含む七ヶ用水が「世界灌漑施設遺産」に登

図10 住宅街を流れる富樫用水

録されました.

　昭和の時代に入り,第二次世界大戦後の食糧増産のため,七ヶ用水の用水不足を解消する必要が生じました.そこで,曲がりくねった素掘りの水路を直線化し,コンクリートによる底張りとコンクリートブロック積護岸にする改修事業が1954〜78年にかけて行われました.その結果,水路からの漏水が大幅に減り,より多くの農業用水が農地に供給できるようになりました.

　その後,日本が高度経済成長期に入ると,農地が工業用地や住宅地に転用されるようになり,現在では住宅街の真ん中に用水路があるような状況になりました(図10).近年では,住宅地等から流れ込む雨水などにより用水路が溢れるような事態も生じています.また,水路の改修事業が行われてから40〜50年が経過し,ひび割れの発生や洗掘など用水路の傷みも激しくなりました.そのため,用水路からの溢水対策や老朽化した用水路の長寿命化対策のための改修事業が現在行われています[4].

2) 宮竹用水

　宮竹用水[5]は,「上郷用水」「山川用水」「下郷用水」「得橋用水」「西川用水」の5つの用水で構成されています.宮竹用水の設置年代ははっきりとしませんが,江戸時代の中頃には手取川からの取入口が設置されていたようです.その後,1949年の白山頭首工の取水堰嵩上げ工事に伴い,手取川右岸側から用水を取り入れ,宮竹サイホンを通じて左岸側に用水を供給するようになりました.また,1951〜63年にかけて,上郷用

図11　宮竹用水沈砂池

水，山川用水，下郷用水，得橋用水において土水路を石積みやコンクリート張りにする改修工事が行われました．

平成の時代に入ると，前回の改修事業から数十年が経ち，水路の老朽化が著しくなってきたため，傷んだ水路を新しくする改修事業が行われるようになりました．2003～11年にかけて行われた上郷用水の改修工事では，流下する用水中の土砂を沈殿除去するための宮竹用水沈砂池が新たに建設されました（図11）．これにより，水路内に堆積した土砂の撤去作業が大幅に減り，水路の維持管理費の節減が図られました．また，2013年から始まった国の直轄事業により，白山頭首工の改修工事と併せて，老朽化した宮竹サイホンの改修工事が行われることになりました．

このように宮竹用水では，将来にわたり農業用水の供給を担っていけるよう，用水路の長寿命化対策が進められています．

引用文献
1）大日川ダム（概要）（2014）：石川県大日川ダム管理事務所
2）国営かんがい排水事業手取川流域地区事業計画概要（2014）：北陸農政局手取川流域農業水利事業所
3）手取川七ヶ用水誌上巻（1982）：手取川七ヶ用水土地改良区
4）石川県土地改良史（1986）：石川県
5）広報水土里ネットみやたけ第14号（2012）：宮竹用水土地改良区

3-2　魚たちのかよう水路をつくる

一恩 英二

●私たちの水利用と魚たち

　水田の周辺には，農業用水を水田に運ぶための用水路や水田から不要な水を排水するための排水路がつくられています．私たちの身近にある，そのような水路には，さまざまな魚たちが生活しています．私は，石川県の用水路や排水路に生息する魚たちとその魚道についての研究を行っています．みなさんは，魚道という施設が河川の堰に設置されているのを知っていますか．河川には，私たちの生活用水，工業用水，農業用水などの用水を取水するために堰が設置されています．堰は，河川流量が変動しても，水位を調整して，土砂を巻き込むことなく，安定した取水をするために設置されています．しかし，堰をつくると，産卵場所や採餌場所へ移動する魚や甲殻類の通行の障害になることが多いのです．この障害を緩和するために設置されるのが，図1のような魚道です．わが国では，写真のような階段状にプールを連ねるプール式魚道がよくつくられています．写真の魚道は，福井県日野川の松ヶ鼻頭首工（頭首工と

図1　ハーフコーン型魚道（福井県日野川松ヶ鼻頭首工）

は農業用水を取水する堰のことです．3-1参照）に設置されている魚道で，プールとプールの間の隔壁が美しい曲面を描いるのが特徴です．ちょうど円錐（コーン）を縦に半分に割った形状をしているので，ハーフコーン型とよばれています．これは，わが国で開発された魚道の型で，平成9年に多摩川で導入されたのが最初です．松ヶ鼻頭首工では，アユやサクラマスなどの魚のために設置されています．堰は，明治以降，水利用の近代化とともに増加し，魚道もそれにともなって，主に漁業者への補償を目的として設置されてきました．しかし，最近では，自然環境を大切に考える人が増えてきたことから，生態系に配慮するために魚道を設置する事例も増えてきています．最近の研究から，人工水路である農業水路にも多くの魚類が生息していることがわかってきました．このため，農業水路にもそこに生息する魚のために多くの魚道が設置されるようになってきました．この本を読んでいるみなさんが，この魚たちのかよう道を通して，私たちの食を支えている農業用水とそこに生息する魚たちについて，ほんの少しでも関心をもっていただければ幸いです．

●手取川扇状地の農業水路の魚たち

　私が現在勤務している石川県立大学が立地する手取川扇状地には七ヶ用水という農業水路が流れています（図2）．七ヶ用水の幹線・支線水路の総延長は140 kmにおよび，ほぼ全線がコンクリート三面張りで，灌漑期の上流区間では毎秒2 m前後の大きい流速が観測されています．いしかわ動物園の山本邦彦さんらによって，水路に多数存在する落差工（図4の右側の写真）のために，多くの魚たちの移動が阻害されている可能性が指摘されました．

　落差工による魚たちの移動の阻害実態を調査するために，私は，石川県立大学の学生たちとともに，七ヶ用水の1つで，海域に直接流入している山島用水下流域（図2および図3）の調査を行いました．山島用水下流域を調査対象に選んだのは，海に直接つながる水路であることと魚類の移動に配慮した多段式落差工（図4の左）が多く採用されていると聞いていたためです．多段式落差工は，0.6～1.2 mの大きな落差をもつ落差工を0.25～0.36 mの小さい2～4段の落差に分け，水路断面全体を階段状のプールを連ねる魚道としたものです．

　魚類調査は，落差工d1下流（水路の最下流部）において定置網調査を，落差工d1～d19の水クッション部（落下水の勢いや衝撃を弱めるために

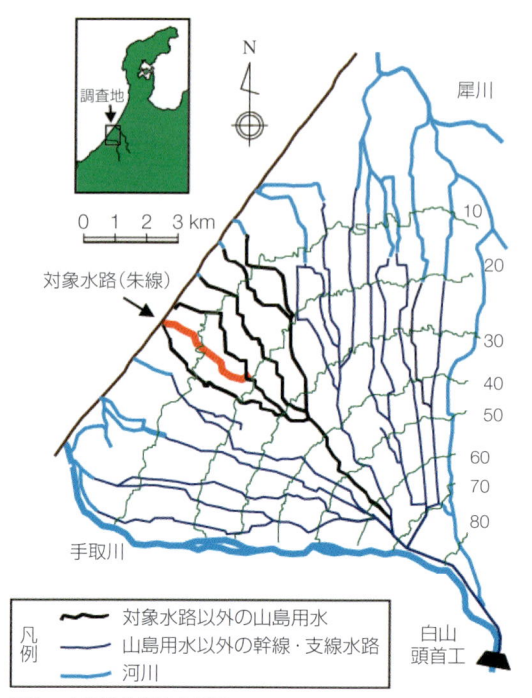

図2 山島用水調査位置図

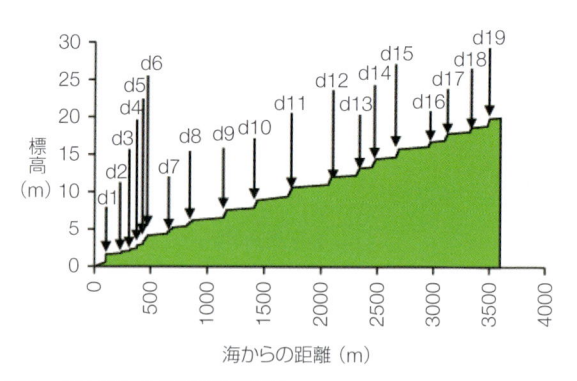

図3 調査水路の水路底の縦断面

設けた池)の中で投網とサデ網を用いた採集調査を行いました.定置網調査や投網・サデ網調査による魚類の分布状況から,アユ,アユカケ,カジカ回遊型,スミウキゴリ,ウキゴリ,シマヨシノボリ,ヌマチチブ

魚類移動に配慮（多段式） 　　　　　　　　魚類移動の配慮なし

図4　落差工（山島用水）

の7種の魚は，海域から農業水路へ遡上する意欲がある魚だと推定されました．これらの魚類は，いずれも川と海をまたいで回遊を行う「通し回遊魚」とよばれる魚です．このうち，アユカケ，カジカ回遊型の成魚は採集されず，未成魚の分布は下流部に限定されていました．汽水魚であるスズキやミミズハゼ，両側回遊魚であるヌマチチブも，コンクリート水路の流速の速い環境には進入していませんでした．一方，高い遊泳能力をもつアユやウグイ，腹鰭が吸盤状になっているウキゴリ，スミウキゴリ，シマヨシノボリは，調査した水路区間に広く分布していました．したがって，これらの魚たちは，落差工を移動している可能性が高いと考えられます．ドジョウはアユが多い灌漑期に幹線・支線水路でほとんど採集されませんでしたが，非灌漑期には多く採集されました．灌漑期には，水田や水田周辺の末端用排水路へ移動し，水田や水路から水が消失する非灌漑期には，幹線・支線水路へ戻ってきていると考えられます．これらのことから，山島用水では，魚類の移動に配慮した多段式落差工を採用することで，魚たちの生息環境は向上したと考えられます．今後は，水路を移動する魚は具体的に，どのようなタイミングで，どのような経路を移動しているのか，水路にほとんど進入しない魚はどのような条件が満たされれば水路を利用するのかなど，新たな研究が必要であると思います．

● トミヨとは

　トミヨ[1]は，成長すると体長が5～6 cmになるメダカより少し大きな魚です（図5）．写真のように背に「のこぎり」のような7～10本のトゲ

図5 トミヨ属淡水型（いしかわ動物園の山本邦彦氏より提供）

があるのが特徴です．宮地ら（1976）によれば，北陸地方の産卵期は3〜7月で，生活場所は湧水地に限られています．また，トミヨは，最近の遺伝的研究により，淡水型，汽水型，雄物型の3種に分けるようになっており，この分類にしたがって，石川県に分布するトミヨを，トミヨ属淡水型（*Pungitius* sp. 1）とよぶことも多くなっています．石川県[2]によれば，トミヨの生息密度，生息範囲は年々減少しており，現在では熊田川，安産川，於古川の3水系でのみ生息が確認されています．このため，トミヨは石川県絶滅危惧I類，石川県希少野生動植物種および環境省絶滅のおそれのある地域個体群に指定されています．

●鷺池のトミヨ魚道

　石川県羽咋郡志賀町の水田や水路を整備する事業で，トミヨのための魚道をつくりました．この魚道の機能を調べて欲しいという要請が石川県から要請があり，石川県立大学の実験水路に現地の魚道を再現し，トミヨの遡上実験を行いました（図6）．その結果，いくつかの問題を指摘することができたので，実験を行って新たな魚道を提案することにしました．

　魚道の設計では，魚類の泳ぐ能力の1つである突進速度が重要な目安となります．突進速度は，魚が1〜数秒程度発揮できる瞬間スピードです．一般の魚では，突進速度は体長の10倍といわれていますので，トミヨの成魚の体長を仮に5cmとすると，突進速度は50 cm/sになります．流れのスピードがこの突進速度を超えると魚は遡上が困難になるので，これ

図6　トミヨの魚道の公開実験（2005年9月，石川県立大学水理実験棟にて）

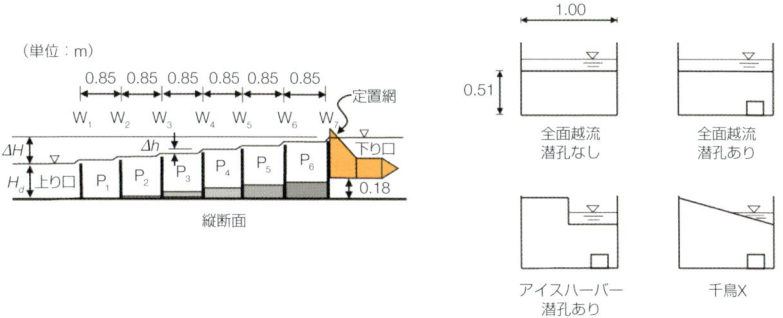

図7　トミヨの魚道の遡上実験装置模式図

を考慮して魚道プール間の水位差を3cm程度に改造する方針を決定しました．次に，図7に示すように，潜孔付き全面越流型，潜孔なし全面越流型，潜孔付きアイスハーバー型，潜孔付き千鳥X型の4種類の隔壁を用いたトミヨの遡上実験を実験水路で行いました．実験の結果，遡上率（＝遡上個体数／供試魚個体数）は潜孔付きの成績が全般に高く，潜孔付き全面越流型は流量の変化に対しても63〜81％と安定した遡上率をもっていることがわかりました．この結果に基づいて，現地にある2つの魚道を潜孔付き全面越流型に改造し，図8のように，魚道下り口（上流側）に定置網を設置して，遡上魚のモニタリング調査を実施しまし

第3章　水を活かす

図8 トミヨの魚道の野外モニタリング（羽咋郡志賀町鷺池）

た．モニタリング調査の結果，2009年9月〜10年12月の16ヶ月間に，2つの魚道合計で，トミヨ6900個体，ギンブナ1123個体，タモロコ742個体，ドジョウ365個体などの魚類の遡上が確認されました．魚以外では，要注意外来生物であるアメリカザリガニが1823個体遡上し，魚道をつくると招かざる生物が移動することも確認されました．大学の実験水路で行った実験と同じような結果が野外でも検証されました．

その後，実験水路でさらに実験を行った結果，潜孔付き魚道ではトミヨは遡上経路として隔壁上部より，潜孔を選ぶ傾向をもつこと，潜孔付き全面越流型ではプール内で休息できる空間がほかの型式に比べて広いこと，水温が適温帯（8〜20℃）を超えると遡上率が増加する傾向があったこと，トミヨの遡上行動は夜間にはほとんど見られず，昼間に活発であることなどが明らかになりました．今後，トミヨ以外の魚についても，魚道における遊泳行動の特徴を明らかにし，多くの魚たちに利用される魚道を開発していきたいと考えています．

参考文献
1) 宮地傳三郎・川那部浩哉・水野信彦（1976）：原色日本淡水魚類図鑑，保育社
2) 石川県（1996）：石川県の淡水魚，石川県淡水魚類研究会

3-3 絵になる農業用水

瀧本 裕士

●地域の水としての農業用水

　金沢市では，全国的にも珍しく農業用水が市街地を流れています（図1）．もちろん市街地において，この農業用水は灌漑目的で使われているのではありません．一方で農業用水は，昔から防火用水，水遊びの場，雪捨て場，動植物の生息域，農機具の洗浄等，灌漑以外の用途で私たちの生活に密着した「地域の水」として利用されてきました．このように農業用水のもつ灌漑以外に役立つ機能のことを，「地域用水機能」といいます．

　ところで農業用水を地域用水機能として見た場合，非農家を含む一般住民の方々はどのような価値観をもっているのでしょうか．その価値観を評価するのはなかなか難しいものがあります．というのも地域用水の機能に対する住民の評価は，住民の居住場所における地域的な自然環境や社会環境に大きく影響されるからです．

　では，地域用水機能に対する住民の認識をどのように評価すればよいのでしょうか．評価にはいろんな方法が提案されているのですが，ここでは1つのやり方として，アンケート調査と仮想評価法という分析を用いて検討することにしました．その結果を以下に紹介したいと思います．

●お金で買えないものだけど

　仮想評価法（CVM：Contingent Valuation Method）は，シリアシーワントラップ Ciriacy-Wantrupsによって1947年に初めて提案された方法です．その後，この方法は環境経済学の分野で発展してきました．そこで，この仮想評価法を実際に適用してみたいと思い，地域用水機能に対して地域の住民が喜んで支払う意思のある金額（支払意思額：Willingness to Pay，以下WTPと称す）を統計的に算出してみました．

　具体的には，金沢市の地域住民に対して特定の金額を示し，地域用水機能に対してその金額を支払う意思があるか否かをアンケート調査しました．そして統計的手法により地域住民の支払い意思額の平均値を求め，これを地域用水の価値としました．このように，仮想評価法は通常の市

図1　金沢の市街地を流れる農業用水

場では取引のされない，すなわち値段のつけられない機能に対する評価方法の1つであって，実際の取引価格を示すものではありません．しかし，地域住民が地域用水機能に対して，どのような認識をもって評価しているかを示す方法の1つとして，重要な参考値になると考えられます．

●想像力が大事

金沢地区では，鞍月・大野庄・辰巳の3用水が流れている新堅町から犀川に至る市街地と認定された10地区300町内会の中から，23町内会をランダムに選定し，アンケート調査を行いました．その中，仮想評価法の分析に利用可能なデータ数は540（全配布数の26%）でした．

アンケートでは，農業用水の利用実態，機能と役割，改善点，個人属性，日頃の心がけ等，多岐にわたる項目を用意し，住民に問いかけます．その中で核となるのは，WTPに関する問いかけです．質問文の概略は以下の通りです．いかに想像力をもってもらうかが鍵になります．

まず，金沢の用水（辰巳用水，大野庄用水，鞍月用水）には農業生産のため以外にも地域の景観保全，観光資源，消流雪などさまざまな働きがあることを説明します．次に，①住民の方々による維持管理（そうじ，草刈りなど）が不十分で，水路にごみが溜まってしまう，②用水路が古くなって水が漏れたり水路に水が流れなくなったりしてしまう，といった状況を質問して，金沢の用水のもつ農業生産以外の働き（多面的機能）が弱くなることを想像してもらうようにします．

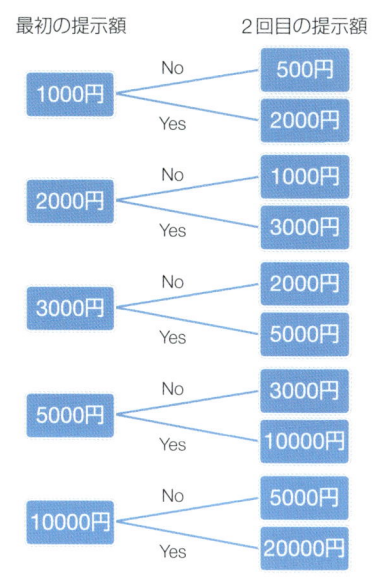

図2 2段階2肢選択方式における提示金額

　もちろんこれは現実に起こっていることではなく，あくまでも仮想です．そしてこのような仮想の事態を回避するための対策を提案し，いよいよ核となるWTPの問いかけとなります．

　事態回避の対策では，金沢の用水の維持管理や保全活動を支援するための基金の創設を提案します．そしてその際に，「1世帯当たり，年間の負担額がX円であれば，あなたのお宅ではこの基金に協力してもよいと思いますか？」と問いかけます．X円という金額にもよりますが，協力の可否は住民によってさまざまだろうと考えられます．もう少し詳しく聞いてみたいので，この第1段階の質問に続けて，「もし，年間の負担額がY円であれば，この基金に協力しますか？」という提示金額を変えた第2段階の質問を設けました．第1段階と第2段階の提示額の組み合わせは，図2に示す5タイプとしました．

　WTPの推定では，まず受諾率曲線というものを作成します．受諾率曲線というのは，提示額X円に対して住民が支払ってもよいと答える確率を表したものです．そして受諾率曲線やWTP推定値を算出する際には，ターンブル法という手法を用いました．

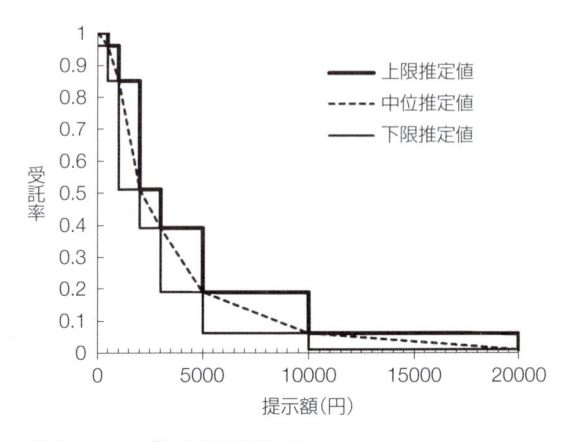

図3 ターンブル法の受諾率曲線

●絵になる農業用水

　図3は，ターンブル法*を用いて得られた受諾率曲線です．ターンブル法では，ある幅をもって受諾率曲線が計算されます．図3中の階段状の細い実線は受諾率をもっとも低めに見積もった場合の下限推定値です．階段状の太い実線は，受諾率をもっとも高く見積もった場合の上限推定値です．斜線上の細い点線は，それら中間の中位推定値を示します．さらに，図3を見ると，受諾率は提示金額の増加にともなって減少する傾向にあります．つまり，支払い意思額を問う際に，提示金額が大きくなると支払ってもよいと答える確率が下がることを意味します．WTPの平均値は受諾率曲線の下側の面積で表されます．そしてWTP推定値の大きい順に，上限平均値，中位平均値，下限平均値とよぶことにします．

　図4に，ターンブル法で推定したWTPの平均値を示します．また，地域間の比較を行うために，農村地域の七ヶ用水地区の推定結果[1]も併せて示しました．図を見ると，市街地である金沢地区のWTP平均値は，農村地域の七ヶ用水地区のWTP平均値に比べ低い値となりました．この要因として，金沢地区では早くから都市的な基盤整備が進み，上下水道の整備も進んだために，地域用水機能の中でも生活用水の機能に対する期待が比較的早くから薄れてしまったためではないかと思われます．

---

*いくつかの提示した金額に対して支払ってもよいと答えた人の割合に注目し，提示額とそれを受諾する確率との関係を統計的に導き出す方法．アンケート調査のデータから住民全体の支払い意思額を推定することができる．

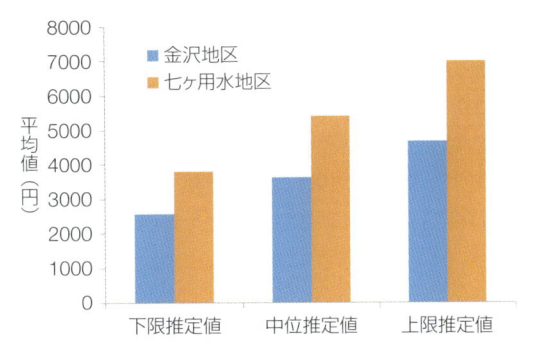

図4 ターンブル法によるWTP平均値の地域別比較．金沢地区では，七ヶ用水地区に比べて，生活用水の機能への期待が薄い

見通しのよい地区（イメージ写真）
下限平均値　2815円

見通しのわるい地区（イメージ写真）
下限平均値　2256円

図5　ターンブル法によるWTP平均値の比較（$p<0.05$）

　次にアンケートの回答結果とWTP値との間にどのような関係があるのかを検討してみました．その結果，金沢地区らしい特徴が見つかりました．それは，「景観保全機能」を重視している点です．この項目では，「機能がある」と回答した人のほうが，「機能がない」と回答した人に比べ高いWTP値の平均値を示しました．金沢地区では農業用水が景観を彩り，住民の安らぎや憩いの場になっているようです．これをもう少し詳しく見ていきたいと思います．まず，現地調査から，「用水の見通しのよい地区」と「用水の見通しのわるい地区」にグループ分けしました．ここで，「用水の見通しのよい地区」とは，水路の維持管理が連続的になされており，用水が民家や店舗の玄関口に接していて，住民がつねに用水を目にすることのできるような地区です．一方，「用水の見通しのわる

い地区」とは，用水が建物や道路によって見え隠れするような場合や用水が民家・店舗等の裏側を通過しており死角となっているような所です．図5に示しましたが，「用水の見通しのよい地区」（下限平均値2815円）のほうが「用水の見通しのわるい地区」（下限平均値2256円）よりも高い値を示しています．このことは，住民が用水のもつ機能のうち，景観保全機能としての役割に高い評価を示すという先述の結果と一致しているといえます．

● **おわりに**

農業用水が市街地を流れるという全国的にも珍しい金沢市の事例を取り上げ，お金という物差しで地域用水の機能を評価しました．しかし，ここで大事なのは，評価額の値段そのものでなく住民が農業用水についてどのような価値観をもっているかを探りあてることです．みなさんのすんでいるまわりにも農業用水が流れていて，眺めのよいお気に入りの場所もあることでしょう．そのかけがいのない美しい景観を支えている農業用水にも目を向け，みなさんの手で大切に守っていって欲しいと思います．いつまでも．

引用文献

1) 田野信博・瀧本裕士・村島和男・橋本岩夫・皆巳幸也・丸山利輔 (2003)：CVMによる地域用水機能の経済評価－七か用水地区における農村型用水と金沢市内を流れる都市型用水との比較，農土論集233，pp. 571-578

3-4 潟とともに生きる

長野 峻介

●砂浜と潟湖

　砂浜をドライブしたことはありますか？　普通，砂浜を車で走ろうとするとすぐにタイヤがはまってしまい抜け出せなくなってしまいますが，石川県の千里浜海岸は「千里浜なぎさドライブウェイ」（図1）として日本で唯一の車で走れる砂浜の道路になっています．海を間近に眺めながらの波打ち際のドライブはとても気持ちよく，石川県を代表する観光名所です．では，なぜ砂浜を車で走ることが可能なのでしょうか？　この理由は，千里浜の砂の粒子が細かく大きさの揃った角ばった形をしており，海水を適度に含むと固く締まるからだといわれています．このように車で走れる千里浜なぎさドライブウェイは約8 kmの長さですが，南は加賀市の尼御前岬から北は羽咋市の滝岬まで，手取川扇状地の南北に総延長約80 kmもの砂浜海岸が続いています．この長く伸びた砂浜の海岸線は，石川県の自然環境の代表的な特徴の1つだといえます．長い砂浜は，山で削られて手取川などの河川から海へと流れ出た土砂が，強

図1　車で走れる砂浜「千里浜なぎさドライブウエイ」

図2　柴山潟

図3　木場潟

図4　河北潟

い風や日本海を流れる対馬海流によって押し戻され，西向きの石川県の海岸線に堆積して形成されました．さらに，大量に堆積した土砂は砂浜だけでなく砂丘も形成して，鳥取砂丘に次ぐ日本で3番目の規模を誇る内灘砂丘をはじめ，石川県は日本有数の砂丘地帯です．

　また，砂浜や砂丘と関わりが深い特徴的な地形に潟湖（せきこ）があげられます．潟湖とは，まず海岸に砂が細長く堆積することで砂州と入り江ができ，さらに砂州が発達して入り江が海と隔てられてできた海跡湖のことをいいます．砂浜や砂丘が発達している石川県には，柴山潟（加賀市，図2），木場潟（小松市，図3），河北潟（金沢市，内灘町，図4），邑知潟（羽咋市）など大きな潟湖がいくつもあります．これらの潟湖は野鳥の宝庫になっており，ハクチョウやガン，カモなどたくさんの渡り鳥が訪れる場所です．さらに，柴山潟や木場潟からの白山の眺めはすばらしく，多くの人が訪れる憩いの場所になっています．

● 潟湖の干拓

　加賀地方にある柴山潟と木場潟は，まとめて加賀三湖ともよばれることがあります．では，三湖のあともう1つの潟湖は？ということになりますが，柴山潟と木場潟の近くには，かつて今江潟というもう1つの潟湖がありました．かつての加賀地方は，柴山潟と木場潟，今江潟の三つの潟湖があり，その周辺は広大な湿地帯になっており「江沼（えぬ）の国」といわれるほどでした．3つの潟湖は河川によってつながっており，その昔は船による人の移動や物資の運搬がさかんに行われていました．それでは，今江潟はどうなってしまったのでしょうか？　今江潟は小松空港の南東側あたりの場所で，今では水田地帯（図5）が広がっています．このように今江潟が姿を消したのは，干拓されて農地になったからです．干拓とは水のある場所を仕切って水を抜き土地を使えるようにすることで，土を盛って土地をかさ上げすることを埋め立てといいます．実は石川県の潟湖は，そのほとんどが干拓や埋め立てがなされています．柴山潟や河北潟，邑知潟も埋め立てや干拓されていて，木場潟のみ大規模な工事はなされずに昔からの形をとどめています．かつての潟湖の周辺は湿地が広がっていて，生活や農業をするのには不向きな土地でした．そのため，昔から人々は潟湖やその周辺の土地をどうにか利用し，もっと便利にくらせないかと考えてきました．石川県では記録が残っているものでも江戸時代ごろから潟湖の干拓や埋め立てが行われてきました．邑

図5 旧今江潟に広がる水田

知潟では，上流から川に大量の土砂を流して埋め立てる「川流し」という技法を用いて，農地を増やしていました．河北潟では，1673年（延宝元）に加賀藩5代藩主前田綱紀による新田開発が試みられ，1849年（嘉永2）には，海運業によって一代で巨万の富を築き「海の百万石」と称されたほどの豪商 銭屋五兵衛が埋め立てに乗り出しています．しかし，銭屋五兵衛は土砂を固めようとして石灰を投入したことで毒を投入したとの疑いをかけられ，監獄に入れられて亡くなってしまいます．また，加賀三湖周辺の住民は頻繁に起こる増水被害に悩まされていました．それは，3つの潟湖から海へと通じる水の出口が今江潟につながる梯川の安宅の河口の1つだけで，その安宅の河口が強風によって押し寄せた砂でたびたびふさがれてしまっていたからです．そこで，大正時代に海に通じていなかった柴山潟を直接海につないで排水しようとした（旧）新堀川の開削工事が実施されました．しかし，開通したその夜のうちに砂が押し寄せ，河口が閉じてしまったといわれています．失敗に終わった（旧）新堀川の開削工事ですが，その跡は加賀市の篠原池（図6）として今でも見ることができます．

　このように昔から潟湖に対してさまざまな取り組みがなされてきましたが，戦後において大規模に公共工事が行われるようになりました．加賀三湖，河北潟，邑知潟では国営事業で干拓工事が実施され，今江潟が姿を消したのもこの時です．干拓事業では水を抜くことが重要になるた

図6　旧新堀川の跡として残る篠原池

図7　河北潟放水路と内灘大橋

め，柴山潟では現在の場所に再び新堀川の開削工事が実施され，河北潟では潟と海とを隔てていた内灘砂丘を切り開いて河北潟放水路が建設されました．河北潟放水路に架かる内灘大橋（図7）では，河北潟の眺めや内灘砂丘の大きさ，そこを開削した工事の規模を感じることができます．その甲斐あって，かつて潟湖や湿地が広がっていた場所には農地が広がり，たくさんの農家によって，稲作はもちろんのこと，邑知潟では指定栽培米「白鳥の里」，河北潟では加賀レンコン，今江潟ではトマトなどの特産品を生産できるようになっています．

図8　浮島で羽を休める水鳥

● 潟湖の環境

　潟湖は，低平地とよばれる標高が低く傾斜のない土地にあるので，有機物を多く含む水が集まってきて滞留しやすく，もともと水質がわるくなりやすい場所でした．さらに，干拓事業が実施された後では，人口や農地の増加により，家庭や工場からの廃水や農地からの肥料の流入などの影響も重なり，潟湖の水質汚濁が進んでしまいました．また，干拓事業では潟湖の水を農業に利用できるように，海と潟湖の間に設けられた水門により海水の流入が止められ，もともと汽水域だった潟湖は淡水化し，潟湖の環境は大きく変化しました．とくに木場潟では，1990年にCOD値で全国の湖沼ワースト2位という不名誉な記録を残しています．そこで，それぞれの潟湖では自然環境を取り戻そうと，さまざまな活動が行われるようになってきました．たとえば，河北潟ではNPO法人「河北潟研究所」，木場潟では「木場潟再生プロジェクト」が立ち上がっています．これらの活動によって，潟湖の環境は少しずつ改善傾向にあるようです．石川県立大学も「木場潟浮島プロジェクト」に参加しています．これは人工の島を潟湖に浮かべ，潟湖の水の汚れの原因となる窒素やリンなどの物質を，浮島に植えた植物に吸収させたり，浮島に取り付けたセラミックス素材に吸着させたりして，木場潟の浄化を助けようとする計画です．さらに，浮島は生き物たちの休憩の場所にもなるようで，生きものたちが集まってくることも期待できます（図8）．

図9 加賀三湖の干拓地で越冬するハクチョウ

　また，干拓地はもともと水が満たされていた潟湖の底の跡であるため，大雨が降ると水が溢れて水没する危険性が高い場所ともいえます．しかし，そうならないのは雨水を排水するポンプや排水路などの施設が整備されているからです．ただし，ゲリラ豪雨という言葉を最近よく耳にするように地球温暖化の影響で雨の降り方が変化しているといわれており，潟湖周辺では防災の観点でもさらに十分な取り組みを行っていく必要があります．

　昔の姿とは変わってしまった石川県の潟湖ですが，今でも渡り鳥が多く集まる貴重な環境であり続けています．加賀三湖の干拓地でも白鳥が越冬する姿を見ることができます（図9）．かつては人間にとっての利便性を第一に考えた時代もありましたが，今後は自然を保全し回復させ，利便性だけではないさらに"豊かにくらしていける環境"を創造していくことが当然な時代です．これからも人間と自然が共生していくために，自然の仕組みをより理解し，その仕組みと人間の活動を調和させた持続可能な方法を模索し続けていかなければなりません．

Column 3
らせん水車

　石川は水の豊富な土地柄です．水の量もさることながら，急傾斜の土地でもありますので，水の力を利用するには絶好の条件を備えています．らせん水車を小さい川や水路に備えて，水車を回転させると，発電（マイクロ水力発電）することができるのです．水の力という自然エネルギーを利用すれば，燃料いらずで，電気が生まれます．これまでは，発電というと大きなダムを建設し，大量の水を堰き止め，一気に流してタービンを回すことで発電してきました．しかし，効率のよい小型のらせん水車を開発すれば，小さな流れを利用することができますので，自然を破壊することなく，自然のエネルギーを生かした発電ができます．まだまだ工夫の余地はありますが，らせん水車のよいところを活かすことができれば，場所も，人手もかからないエネルギー基地ができます．この基地からいろいろなものが飛び立っていくのは楽しみです．

高位　汐里

らせん水車

第 4 章
食とくらし

(撮影:山下良平)

4-1 「まれ」の蓮蒸し

岡崎 正規

● **まれの食卓**

「まれ」のヒロイン津村希の食卓は加賀能登料理で溢れています．加賀野菜は，さつまいも，加賀太きゅうり，金時草，加賀つるまめ，金沢一本太ねぎ，源助だいこん，ヘタ紫なす，二塚からし，加賀れんこん（図1），たけのこ，せり，赤ずいき，くわい，金沢春菊，打木赤皮甘栗かぼちゃの15種です．全国的に有名なブランドの地位を保っています．一年中加賀野菜を楽しむことができます．

加賀蓮根は，煮物，揚げ物，炒め物，酢の物と大活躍です．加賀蓮根を煮るともっちりとした食感が得られ，蓮蒸しはもちろんのこと，レンコンの甘酢あんかけやレンコンと鶏手羽肉の中華風煮込み料理にはなくてはならない材料です．

また，レンコンサラダもまたたまらなくよいものです．

図1　加賀野菜の一つである加賀蓮根の出荷

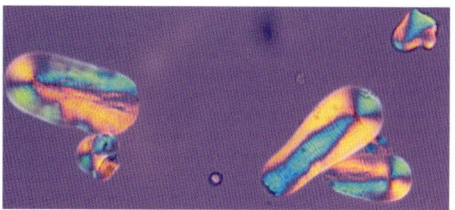

図2　蓮蒸し　　　　　図3　レンコン澱粉の顕微鏡写真

●蓮蒸し

「まれ」が食べていたと思われる蓮蒸しは，加賀蓮根をすりつぶしたのち，蒸してつくります．この蓮蒸しには，つなぎを入れません．加賀蓮根はつなぎとなる澱粉（片栗粉）を入れなくても，調理した後に，少し離れたところから運ばれてきても，加賀蓮根でつくった蓮蒸しは形がこわれず，美しい姿を保ちます（図2）．レンコンはハスの茎です．この中には澱粉（図3）が含まれています．加賀蓮根は他のレンコンとは異なる澱粉が含まれているのでしょうか．これがわかるとおもしろいですね．

●加賀蓮根のルーツ

現在の加賀蓮根（品種）のルーツはわかっていません．ハスは仏教が伝来（538年）する以前からわが国に存在していたといわれていますが，もっぱら花を見て楽しむものであったようです．しかし，平安時代に入ると茎を食べるようになりました．言い伝えによりますと，「加賀蓮根」は，五代藩主の前田綱紀が参勤交代のときに関東あるいは愛知からハスの種または苗を持ち帰り，金沢城付近に植えたのが始まりといわれています．コメのつくりにくい日当たりのわるい所には，ハスを植え，食用にしました．「大樋蓮根」とよばれ，大樋町が加賀レンコンのルーツといわれるのはそのためです．レンコンの碑（図4）は，大樋町から遠くない金沢市元町第三児童公園にひっそりと建っています．

レンコンの栽培を大樋町を含む小坂地域（図5-A）に広めたのは，本岡三千治と表与兵衛でした[1]．さらに本岡三千治の孫である本岡太吉は，東京の葛飾に栽培されていた「枯れ知らず」という品種を導入して，収

図4 金沢市元町第三児童公園の加賀レンコン碑

穫量が増加し，レンコンを食べることが普及しましたので，「小坂蓮根」と名前を変えることになりました．こうして本岡太吉は石川全県にまた大阪・神戸へ出荷を拡大し，全国的な特産物として発展させました．関西へ進出するときに，「小坂蓮根」を「加賀蓮根」に改めました．

　レンコンは交配が進みやすく，しっかりとDNA分析を行わないと品種を特定できません．残念ですが，現在に至るまで，レンコンの遺伝子配列は特定できていません．外見や花の色から推定してレンコンの種類分けを行うと，三十数種になるといわれていますが，似ている点からまとめると十種類になるようです．

　現在の「加賀蓮根」は，一時生産量が少なくなったことで古くからあった種が途絶える寸前になってしまったことや中国から輸入された新しい品種が導入されたことから支那白花種ではないかとされていますが，これも遺伝子配列を特定していませんのでわかりません．

　最近は，小坂地域のハス田は住宅地に変換され，栽培面積は縮小の傾向にありますが，一方，河北潟を埋立造成した地域（図5-B）でのレンコン栽培が盛んになり，広い面積のハス田を見ることができます（図6）．

　加賀レンコンは，「蓮蒸し」でもよく食べられますが，レンコンを薄

図5 レンコンの収穫．A：小坂地域　B：河北潟地域

図6 河北潟におけるレンコン栽培

くカットして，熱湯でさっと茹で，酢を加えると「レンコンの酢のもの」ができ，シャキシャキとした歯触りは何ともいえないさわやかさを味わうことができます．酢は酢酸CH_3COOHという酸です．人の味覚はある程度の強さの酸でなければ，うまいと感じません．あまり強い酸は，受け付けなくなるのでしょう．

● ハスと土の関係

ハスは土の中に根を張って，光合成を行い，澱粉を茎に貯めて勢力を伸ばします．ハスの茎に蓄えられる澱粉は，土の性質，茎のまわりの地温や酸の強さによって変わるようです．

土の仲間には，酸がたくさんありすぎて植物が生きていけない土があります．土の中で生まれる酸は，硫酸H_2SO_4です．濃い硫酸を薄めて，

第4章　食とくらし

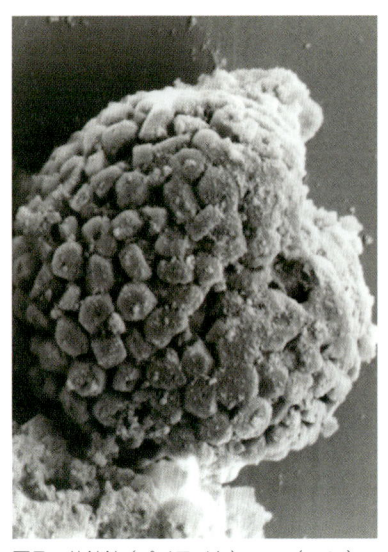

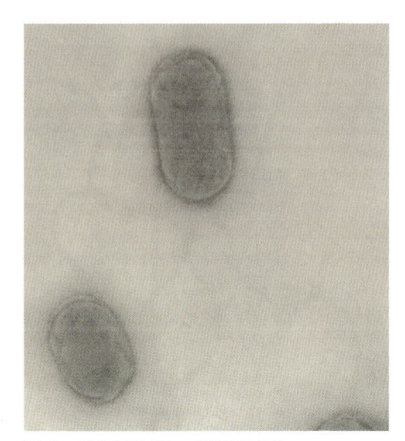

図7 黄鉄鉱（パイライト）pyrite（FeS_2）　**図8** 硫黄酸化菌の顕微鏡写真

　自動車のバッテリーの内部液に使われているので，なじみ深い酸です．酸のもとは海水中に含まれる硫酸イオンです．海水中に硫酸イオンが含まれていることは，あまり知られていませんが，この硫酸イオンこそ酸のもとになるのです．実は，土の中にすんでいるバクテリア（硫酸還元菌）によって，普通は硫化物の一種である黄鉄鉱（パイライト）FeS_2（図7）となっていますので，酸性を示さないのです．

　硫酸還元細菌は，空気と接しているような酸素がたくさんある所では，生きていけず，死んでしまいます．河北潟のような海水が入り込んでいた浅い入江などの堆積物中には，海水中に含まれていた硫酸イオンがたくさん存在しています．硫酸還元菌は，有機物（有機酸）と水素から電子を受け取り，硫酸イオンに電子を与えてエネルギーを得て生きています．そこで，硫酸還元菌は有機物が入手しやすく，酸素がない場所で，黄鉄鉱をつくりだしていますので，堆積物のある一定の深さの場所で生活しています．有機物が入手しやすく，しかも酸素分圧の低い所に限られます．こうしたことから，現在は隆起して，台地や丘陵地になっているところでも，かつて浅い入江であった場所では，土の中に黄鉄鉱が見られるのです．黄鉄鉱は存在しますが，まだ強い酸性を示していない黄鉄鉱を含む土を「潜在的酸性硫酸塩土」といいます．一方，潜在的酸性

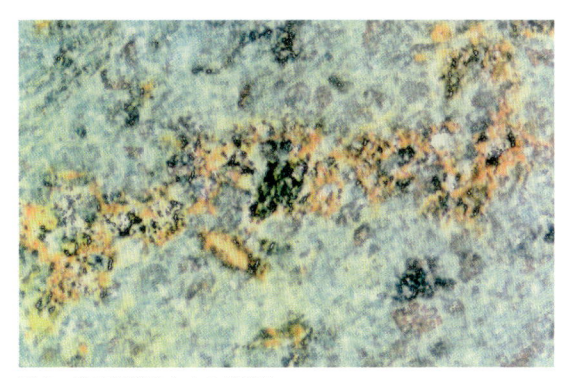

図9 酸性硫酸塩土中の黄鉄鉱
黒：パイライト，黄：ジャロサイト，褐：ゲータイト

硫酸塩土の中に含まれていた黄鉄鉱が，酸化バクテリア（硫黄酸化菌や鉄酸化菌）（図8）などによって酸化され，まさに硫酸を生み出している土を「顕在的酸性硫酸塩土」とよんでいます．

そのまま黄鉄鉱でおとなしくしていればいいのですが，人の手が入って酸素に触れたり，さらに土の中にいる酸化バクテリアが働き出すと黄鉄鉱が酸化されて硫酸がつくられ，手におえないほどの酸が生み出されます．この時，同時にジャロサイト $KFe_3(SO_4)_2(OH)_6$（図9）という鉱物がつくられます．このジャロサイトはさらに酸化されてゲータイト $\alpha\text{-}FeOOH$ という鉄水和酸化物と硫酸をつくります．このようにして大量の硫酸が発生しますので，とても普通の生物は生きていけなくなるのです．

今まさに強い酸性を示す酸性硫酸塩土の中では，レンコンは死んでしまいます．蓮根の酢の物は歓迎しますが，硫酸漬けにするのはごめんです．

● **レンコン栽培**

そこでレンコン農家は，黄鉄鉱を酸化させない方法で粘り強くレンコンを栽培しています．ハス田に栄養となる有機物を肥料として散布したり，苦土石灰（マグネシウムとカルシウムを含む肥料で酸を中和する働きもある）の散布もしています．もっとも重要なのは，灌漑水のかけひきで，ハス田を簡単には乾燥させず，酸素に触れさせないことです．ハス田に水を引き，田面にわずかでも水をたたえておく必要があります．

図10　加賀レンコン農家の喜び

硫酸の生成を抑制するためです．こうしてハス田を管理すると見事に成長したハスの**茎**（図10）を味わうことができます．正月料理に欠かせないレンコンですが，寒さをものともせずハス田からレンコンを収穫している農家のことを思うとレンコン料理を食べ残してはいけないなと思います．

引用文献
1）田中芳男（1961）：加賀蓮根－石川県蔬菜栽培前史－，石川県図書館協会

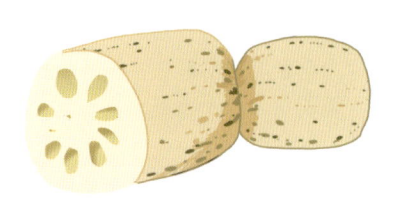

4-2　赤土で育つスイカはなぜおいしい？

百瀬 年彦

●赤土スイカ

　能登の特産品の赤土スイカ．甘くてジューシーでシャキシャキしていると評判です．ザイ・オンライン（ダイヤモンド社）が発表した2014年度ふるさと納税スイカ編のお得度ランキングでは，赤土スイカをもらえる穴水町が見事に第1位を獲得しました．「とにかくおいしい」と人気上昇中なのですが，どうしておいしくなるのか，はっきりとしていないようです．この節では，スイカや赤土のことを学びつつ赤土で育つスイカがおいしくなる隠れた理由を地中の物理環境の面から探ります（図1）．

●栽培種と野生種のスイカ

　人類がスイカ栽培を始めたのは約4000年前のエジプトだといわれます．スイカはもともと乾燥地に自生する野生スイカ（野生種）でした（図2）．1年生草本ですので，発芽して1年のうちに種子をつくり，次世代へと命をつなぎます．彼らの子孫が生き残れるかどうかは，種子散布の成功に懸かっています．毎年同じ場所で生育していたら，そこが枯死す

図1　赤土スイカが育つ農地

第4章　食とくらし

図2 乾燥地に自生する野生スイカ

るような干ばつ，害虫や病気の発生などが起きたとき，絶滅してしまうかもしれません．彼らは種子散布を動物に託すことにしました．果実に水分を蓄え，そこに種子を仕込み，野生動物に食べてもらうことにしたわけです．野生種の果実は，硬くて苦味を含むものまであったそうですが，乾燥地にすむ野生動物には重宝したと思います．また，当時の人類にとっても，栽培するくらいですから貴重なものだったと思います．スイカはその後，人類の移動とともに地中海からヨーロッパ各地へ，そして世界へと生息地を拡大し，そのなかで私たちの口に合う果実をつけるものが選抜・育種されてきたのです．

　栽培されるスイカ（栽培種）は，絶滅を心配する必要はありません．水管理や害虫・病気対策などがなされた農地で育つからです．しかし，保護されているという自覚はないようです．害獣対策を施された農地でさえ，水分を蓄えた甘い果実を懸命につくりだします．人類の影響を長く受けてきた栽培種ですが，次世代へ命をつなごうとする野生本能はしっかりもっているのです．

●砂丘地スイカと赤土スイカ

　もともと乾燥地に自生していたことからもわかるように，スイカは乾燥に強い植物です．この特色を利用したのが砂丘地スイカです．実は，こちらもすごくおいしいと評判で，石川県産スイカは主に砂丘地で栽培されています（図3）．砂丘地スイカのおいしさは，水分ストレスを受け

図3　A：砂丘地スイカが育つ農地　B：砂丘地スイカ

やすい環境で育つことと関係するのではないかといわれます．

　砂丘地では灌水装置などを用いて水管理を行いますが，保水性が低いため含水量は少なくなりがちです．また，海浜からの飛砂や飛沫に含まれる塩分は，水の浸透圧を高めます．浸透圧が高くなると，吸水しにくいどころか，塩漬けと同じでスイカの根から脱水が生じてしまいます．つまり，砂丘地スイカは水分ストレスを受けやすい環境で生育するわけです．乾燥に強いとはいえ，ストレスのないほうがよいですね．別の場所で生きた方が得策です．とくに，果実が成長し始める夏は，過酷な環境になりやすいので，種子散布を成功させなければという本能をより強く働かせるのではないでしょうか．そして，果実を野生動物に食べてもらうため，野生動物が求める水分，エネルギー源となる糖分をたっぷり含んだ果実をつくりだし，彼らが来るのをじっと待つのではないかと思うのです．

図4 露頭の赤土（穴水町）

図5 赤土採取
赤土は粘土がぎっちり詰って硬いため，採土には熟練者でさえ苦労します

　一方，赤土の水分環境は，砂丘地とは大きく異なります．砂丘地が砂質土であるのに対し赤土は粘質土で，たくさんの水を含みます．海浜からの飛砂や飛沫はほとんどありません．含水量が多く，塩分を含まないので，赤土スイカは水分ストレスを受けずに生育しているように思えます．それなのにトップレベルの果実ができるのです．どうしてでしょうか．
　赤土への理解を進めていくと，赤土スイカは，1日の中で周期的に，強い水分ストレスを受けたり，そのストレスから解放されたりする可能性が見えてきました．まるで飴とムチのような生育環境です．

●赤土スイカを育む土

　能登の赤土はあざやかな赤色が特徴的です．赤色の正体は鉄の赤さび．これを多く含むから赤く見えるのです．どうして鉄を多く含むのでしょうか．そもそも赤土はどのようにできるのでしょうか（図4）．
　赤土は，化石調査などから洪積世の間氷期（エーミアン間氷期，7〜13万年前）に生成したと考えられています．気温は現在よりも10℃前後高いと推定される時代です．降水量も大きく異なっていたはずです．温暖湿潤な気候条件下では，土の母材となる岩石（主要構成元素は酸素，ケイ素，アルミニウム，鉄，カルシウム，ナトリウム，カリウム，マグネシウムの8種）の化学的風化が著しく進みます．岩石から塩基類が溶脱・洗脱し，ケイ素の酸化物やアルミニウムの酸化物などの微粒子も溶

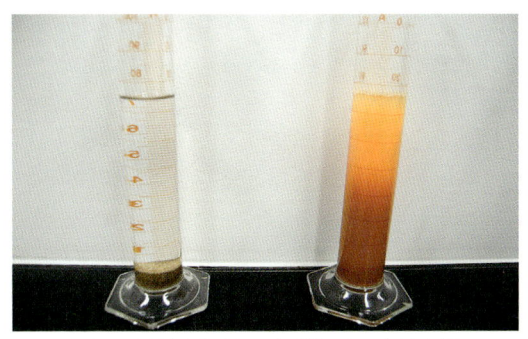

図6　水中での沈降実験（左は砂丘地の土，右は赤土）

図7　保水性の違い（左は砂丘地の土，右は赤土）

脱します．これら微粒子は水の中で再結合し粘土を生成していきます．岩石の化学的風化が進む一方で，風化作用を受けにくい石英，溶脱しにくい鉄の酸化物はそのまま残ります．このようにして，風化生成物である粘土，石英や鉄の酸化物を主体とする土へと変わっていきます[1]．これが赤土です（図5）．

　赤土を使って砂と比較しながら簡単な物理実験をしてみました（図6，7）．水中での沈降実験では，赤土は濁った状態が続きます．赤土が粘土（2μm以下）など微粒子を多く含む証拠です．保水性の実験では，乾燥させた土40gと水20gを容器に入れて傾けてみました．じわじわと出てくる水は重力の影響によるものですが，赤土はしっかり保水しています．

●土の保水力と植物の吸水力

　土の保水メカニズムにはいくつかありますが，植物が利用できる水は毛管現象で保持されるものです．細いガラス管の下端を液体に浸すと液体はガラス管内を上昇し，ある高さで止まります．液体の表面張力が大

きいほど，液体の密度が小さいほど，そして管径が小さいほど高く上昇します．液体が温度一定の水とすれば，管径が小さいほど高く上昇します．言い換えれば，間隙サイズが小さいものほど水を強く保持します．粘土を多く含む赤土には，小さな間隙がたくさん含まれます．このため，含水量が多い状態でも土中水は強く保持されます．植物にとっては吸水しにくい環境です．

　植物の吸水力はどれくらい強いのでしょうか．水が100 kPa*で保持されると，植物は生育阻害を受け始めるといわれます．おおよそ0.3 μmの間隙に保持される水です．これを吸水するには100 kPa以上の吸引力が必要です．最新型の強力な掃除機でも到達できないような圧力です．それでも植物は吸水可能です．ただし，吸水しにくくなるので，蒸散を抑えるため気孔を閉じがちになり，生育阻害を受けると考えられています．土壌が1500 kPaで水を保持すると，さすがの植物も枯死してしまうようです．

　話を毛管現象に戻します．上述のことは，温度一定の水に限ったことですが，自然界では温度が絶えず変化しています．同じ管径でも，温度上昇にともない毛管上昇高は下がります．したがって，温度上昇とともに土の保水力は低下します．土の保水力の温度依存性に関する研究は，土壌物理分野で国際的にも広く関心がもたれています．温度変化による土の保水力の変化を測定してみると，実測値は予測値を大きく上回るという現象が見つかったからです．この現象はとくに細粒土で顕著になることが確認されています．赤土では確認されていませんが，この現象が見られる可能性は非常に高いと思います．つまり，温度変化よる赤土の保水力の変化は予想以上に大きくなる可能性があるわけです．

●赤土スイカが育つ地中の物理環境

　赤土スイカが育つ地中の物理環境を考えてみましょう．昼間は，太陽光によって地表温度が上がり，地表から地中への熱移動が生じます．逆に夜間の冷え込みは地表温度を下げ，地中から地表への熱移動を引き起こします．赤土は熱伝導率の高い石英や酸化鉄を含み，また含水量が多いので，他の土と比べて熱を伝えやすい性質をもちます．このため，昼

---

* kPa（キロパスカル）は圧力の単位です．1 kPa＝1000 Paです．1 Paは，1 m^{2}当たり1N（ニュートン）の力が作用する状態を意味します．土が水を保持する強さには，いくつかの表し方がありますが，圧力表示が一般的となりました．

図8 赤土スイカの生育環境

間は地表から多くの熱を地中へ取り込み，夜は地中から多くの熱を放熱することを可能にします．地中の温度変化は，保水力を大きく変化させると考えられます．夜から午前にかけては地中温度は低く保水力が高い状態を維持し，地中温度の上昇とともに保水力は大きく低下するのではないでしょうか．植物側からすれば，夜に強い水分ストレスを受け，昼にそのストレスから解放される環境です．能登のきびしくやさしい環境は，土の中にまで浸透しているようです．そこに根を張って生きているのが赤土スイカです．

引用文献
1) 松井　健 (1976)：日本の土壌 − 4　赤黄色土．Urban Kubota No.13

4-3　人が減っても農地は守る

山下　良平

●水田農業をとりまく現状

みなさんは毎日ご飯を食べていますか？　ご飯は好きですか？

近年は日本人の食文化も様変わりして，昔に比べて米の消費量が激減し，パンや麺などの小麦系の主食に変わってきています．実は，この50年で日本人が1年で食べる米の量が半減しました．しかし，和食という誇るべき食文化をもつ日本人が米を食べなくなるということは考えられないでしょう．しかも，お祭りや季節ごとの行事など，日本の農山村地域には水稲作文化と強く結び付いた伝統的な風習が随所に見られます．そのような意味でも水稲作文化を守ることはとても重要なのです．

かつては個々の家々でトラクターや田植機などの農業機械を保有し，小さい農地でコツコツと農業経営を行っていました．「3ちゃん農業」（じいちゃん，ばあちゃん，かあちゃんが農業をして，とうちゃんが仕事に出る）という言葉もあったように，家族農業が1つの農村モデルでした．ところが，農山村地域において水田農業に従事する人口が急速に減少しています（図1）．これにはいろいろな原因がありますが，もっとも大きな理由は米価の下落による「職業」としての魅力の減少，そしてそれに端を発する若者の都市流出です．

これに対して農村地域ではさまざまな工夫をして，少しでも地域の農業を活気づけるような策を練っています．たとえば，農業生産物を加工品として販売することで高い利益を得る高付加価値化があります．これは，農業（第1次産業）×加工（第2次産業）×販売（第3次産業）が合わさっているということから，専門用語で「6次産業化」といいます．また，作業工程や肥料や農薬などの資材の見直しを行い，徹底的にコストダウンをはかること等も行われています．ただし，根本的にムラの農業経営の仕組みを見直し，みんなでムラの農地を守るという発想，そしてそれを支援する公的支援があります．それが，「集落営農」という共同型農業と，「圃場整備事業」という区画の大規模化です（図2）．

簡単に説明すると，集落営農というのは，地域で農業組織をつくり，

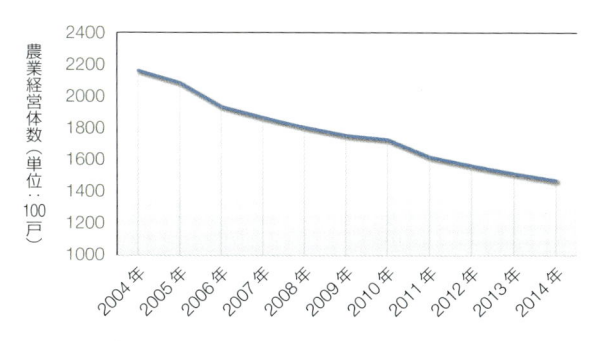

図1 ここ10年で全国の農業経営体数は減り続けた（出典：農林水産省農林業センサス）

図2 圃場整備事業によって大きくなった農地を集落営農で守る（筆者撮影）

農業機械を共同利用することで費用を削減したり，組織のメンバーの都合がよい時に作業に参加したりすることで，少ない労働力を効率よく使って農業を続けていく方法です．また，圃場整備事業というのは，大型機械が使いにくい小さくいびつな形の田んぼを長方形の大きな田んぼに修正する公共事業であり，これにより飛躍的に農作業の効率化が進みます．これらの工夫によって，ムラの農地の維持に努めています．集落営農組織を立ち上げたからといって，個人で農業を続けたい人を無理矢理やめさせるわけではなく，個人では続けることが難しい人や積極的に取り組みを広げていきたい人が協力して組織をつくるというシステムです．ですから，地域内でまだまだ余力があって，自分の力で農業を続けたい

図3 以前の小さい農地（左）が大きく便利な農地へ（右）．右の図で同じ色がついている農地が同一の農業組織や農家によって管理されている（志賀町土地改良区作成）

農家とともに，ムラの農地を守っていくというのが通常行われているかたちです．

● 地域の皆さんの評価も上々

　実際に，圃場整備事業が行われて，それまでの小さな農家の方々が協力して組織をつくり，みんなでムラの農地を維持している地域では，以前に比べてとても農業がやりやすくなったといっています．たとえば，石川県志賀町にある土田地区は，2000年から圃場整備事業の工事が始まり，2006年に完了しました．この事業によって，とても小さく作業性がわるかった農地が，大規模で便利な農地へと生まれ変わりました（図3）．それにあわせて，地域のリーダーを中心に個々の農家がまとまり，集落営農組織を立ち上げました．この地区のみなさんに対してアンケート調査を行ったところ，今現在農業経営に関わっている人もかかわっていない人も，大半が「圃場整備事業は農地保全に効果があった」と回答しました（図4）．それだけではなく，約60％の人が生活環境や利便性が向上したと回答しました（図5）．

　減りゆく人口を前提として考えると，従来の小規模農家のままムラの農業が営まれていたらどうなっていたでしょうか？　おそらく現在と同じ程度に農地を保全することは難しかったと思います．そして，耕作放棄地があちこちに見られ，地域の景観もわるくなっていた可能性も考えられます．現在は大きく便利になった田んぼで活き活きと活動が行われているところを見ると，公的な支援と自分たちの工夫次第でまだまだ農山村の農地は守れることがわかります．

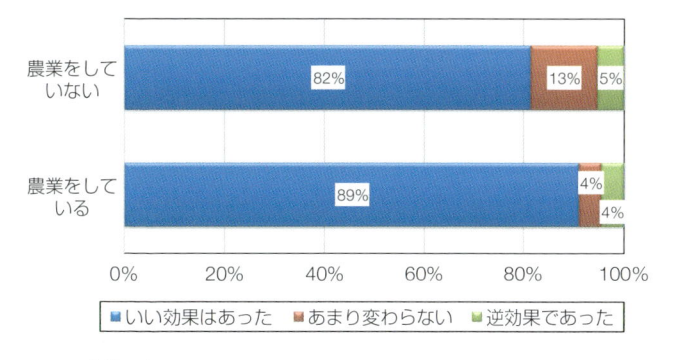

図4 農業経営に関わっている，関わっていないにかかわらず，約80%の人が圃場整備事業は農地保全に効果があったと回答した

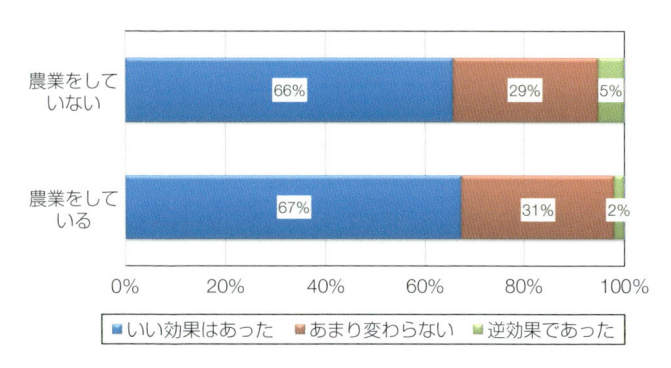

図5 農業経営に関わっている，関わっていないにかかわらず，約60%の人が圃場整備事業によって生活環境もよくなったと回答した

●今後考えないといけない課題

ただし，課題がないわけではありません．昔であれば地方都市もそれなりの経済規模であったために，農業をしながら会社勤めをすることや，あるいは農業を辞めた場合でも収入を得る機会がたくさんありました．しかし，現在は地方都市でさえも人口減少が進み，昔ほどの就業機会がありません．そのような状況で集落営農組織を立ち上げて，少人数での効率的な農業経営を一気に展開するとどのようなことが予想されるでしょうか？

まず考えられることが，農業経営から離れてしまった人たちがムラ社会と関わる機会が減ってしまうということです．ムラ社会には農業だけではなく，草むしりや溝掃除，祭りや季節ごとの文化的な行事など，多

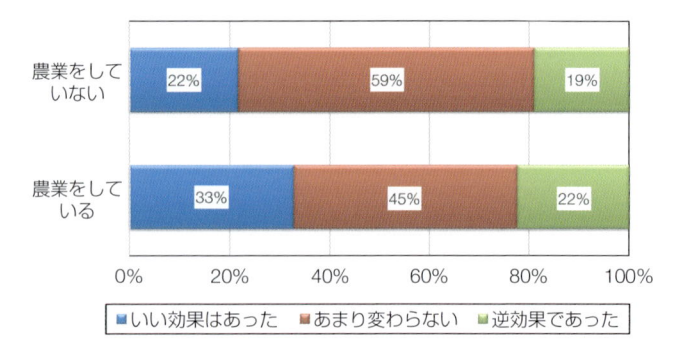

図6 約60%〜80%の人が圃場整備事業はムラの農家と非農家の協力関係によい効果が見られなかったと回答した

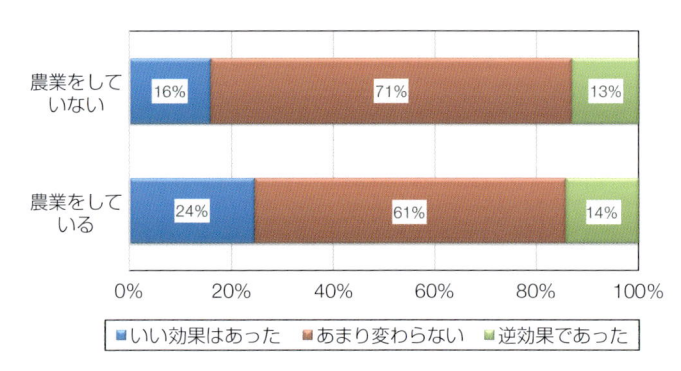

図7 約80%〜90%の人が高齢者と若者のつながりを強めることに対してよい効果が見られなかったと回答した

くの共同作業の機会があります．しかし，やはり農山村地域の生活の中心は農業であるといえます．そのような中で，たとえばこれまで100人の農家で行っていた状況から，50人の農家が協力して立ち上げた集落営農組織がムラの農地を管理するシステムに変えると，残りの50人がムラ社会での活躍の機会が減ってしまう可能性があります．

実際に，同じ地区でとったアンケート調査の中で，圃場整備事業にあわせて集落営農組織を立ち上げたことで，農業経営に関わっている人とかかわっていない人のさまざまな場面での協力行動はどの程度活発になったかを聞きました．その結果，大半の人が，あまり効果が見られなかったか逆に協力関係がわるくなった影響もあると回答しています（図6）．これは，高齢者と若者とのつながりの面でも少し望まない影響があった

と回答していることがわかりました（図7）．

　これらの結果が，今現在ムラの運営に支障をきたしているわけではなく，快適な農業経営と平穏な日々の暮らしが行われているので，それほど大きな問題とはなっていません．しかし，農業経営とムラ社会の運営は切っても切れない関係にあることは，実際にムラを訪れて観察し，地域の人たちと話をすれば容易に想像がつきます．今後は，農業を続けている人も離れた人も，高齢者も若者も，何かしらの形で一緒に活動できる機会を確保し，効率的な農業経営とともに良好なムラ社会の関係を維持し続けていくことが大切だといえます．環境科学の知識や技術が大いに生かされる圃場整備事業や集落営農組織の立ち上げですが，このような現場の実際の姿を知ることで，よりいっそう有意義な研究を進めることができるでしょう．

4-4 ごみとエネルギー

楠部 孝誠

● **分ければ資源，混ぜればごみ**

　私たちは燃えるごみ，燃えないごみ，資源ごみ等，種類ごとに分別し，決められた日，決められた時間にごみをステーションなどに出すことが当たり前の習慣になっています．ごみの分別数も地域によって，さまざまで多いところでは三十種類以上の分別をしている地域もあります．一方で，海外では「普通のごみ」と「リサイクルできるごみ」といった簡単な分別というところがほとんどです．これほど細かい分別を行っているのは日本だけといっても過言ではありません．

　では，このような細かい分別はいつ，どんな理由から始まったのでしょうか．古くは1960年代の高度経済成長によるごみの増加に始まり，1970年代のオイルショックによる省資源の推進，プラスチックごみの燃焼による塩化水素問題，1980年代半ばに起こったバブル景気によるごみ量増加，1990年代には焼却施設からのダイオキシン類の発生や容器包装リサイクル法（1995）の施行など，さまざまな要因がありますが，ごみの増加による埋立処分地の確保が難しいこと，ごみの焼却に関係する問題，資源循環の高まりという3つの理由に集約されます．

● **ごみ分別とリサイクル**

　現在も「ごみを減らそう！」「資源を有効に利用しよう！」とさらにごみの分別ルールが細かくなる傾向があります．表1は石川県内の各市町のごみ排出量や分別数などをまとめたものです．地域によって，分別数も異なりますし，ごみを出すのに処理手数料がかかる地域もあります．地域によってこのような違いがあるのは，家庭から出るごみを処理する責任が市町村にあるからです．

　地域によって分別の方法は異なりますが，ごみの分別を増やせば増やすほど，ごみを集める手間や回数が増えるため，費用も増加します．実はごみ処理でもっとも費用がかかるのがごみ回収の工程で，地域による違いはありますが，ごみ処理コスト全体の30〜40%にもなります．また，

表1　石川県内各市町のごみ発生量と分別，家庭ごみ有料化の状況

	人口 2010（人）	人口予測 2040（人）	ごみ排出量(t)			1人1日当たり生活系ごみ排出量(g/人日)	生活系ごみ分別数(分別)	家庭ごみ有料化	
			総排出量	生活系	事業系			可燃ごみ	その他
金沢市	462,361	417,156	175,676	106,256	69,420	644	15	×	×
七尾市	57,900	35,880	22,083	13,451	8,503	650	15	○	×
小松市	108,433	88,528	34,626	23,096	11,530	580	20	×	×
輪島市	29,858	15,440	14,599	7,172	7,411	655	12	○	○
珠洲市	16,300	7,474	5,263	3,058	2,205	512	17	○	○
加賀市	71,887	49,428	28,849	18,646	10,203	714	17	○	×
羽咋市	23,032	14,025	7,354	4,771	1,968	635	17	○	×
かほく市	34,651	28,008	10,598	7,679	2,627	623	19	○	×
白山市	110,459	97,028	40,449	26,953	13,496	654	18	×	×
能美市	48,680	47,319	15,559	11,594	3,965	639	15	○	○
野々市市	51,885	58,569	18,798	11,397	7,401	621	16	×	×
川北町	6,147	7,672	2,275	1,482	793	648	13	○	×
津幡町	36,940	35,680	10,756	7,866	2,300	614	17	×	×
内灘町	26,927	22,475	8,339	6,506	1,690	672	19	×	×
志賀町	22,216	13,193	7,761	5,718	1,762	732	15	○	×
宝達志水町	14,277	8,722	3,947	2,853	1,094	546	16	○	×
中能登町	18,535	13,798	4,609	3,934	624	567	13	○	×
穴水町	9,735	5,079	3,451	2,405	1,046	698	15	○	○
能登町	19,565	8,896	7,372	5,067	2,305	700	13	○	○

*1　ごみ総排出量は計画収集量＋直接搬入量＋集団回収量
出所）環境省「一般廃棄物処理実態調査(H25)」，国立社会保障・人口問題研究所「日本の地域別将来人口推計(H25)」から筆者作成．
*2　ごみ有料化は2015年時点の状況．

資源ごみとして集められた紙やプラスチックも夾雑物を取り除かなければ，製紙原料や再生プラスチック原料に使えないため，需要も限られてきます．つまり，住民の協力がなければ，質の高いリサイクルは難しく，むしろコストやエネルギーを余計に使ってしまいかねません．そのような場合はケミカルリサイクル（化学原料へのリサイクル）やごみ発電などのエネルギー回収を選択肢とすることも1つの考え方です．

● ごみからエネルギー（電気）をつくる

　ごみ焼却発電の仕組みは，ごみを焼却した際に発生する高温の排ガスを利用して，水蒸気を発生させ，この水蒸気を利用してタービンを回転させ，発電します．石川県内では金沢市の西部・東部環境エネルギーセンターや白山野々市広域事務組合の松任石川環境クリーンセンターでごみ焼却発電が行われています．また，現在新しく建設している小松市のごみ焼却場も発電能力を有する予定です．

　金沢市の西部環境エネルギーセンターの場合，年間約10万トンのごみ

図1 金沢市西部環境クリーンセンターの概観（上）とごみピットの様子（右）

から4650万kWhの電気を発電し，3500万kWhの電気（約9440世帯分の消費電力）を売電し，発電の余熱は近隣施設の冷暖房や市民プールなどの熱源に利用しています（図1）．

● ごみのRDF化

　同様に石川県河北郡以北の12市町もごみから発電していますが，少し様子が違います．この12市町はごみの広域化処理を行っています（図2）．まず，この各市町から排出された燃えるごみは，河北郡市クリーンセンター，輪島・穴水地域RDFセンター，羽咋郡市広域圏事務組合リサイクルセンター，奥能登クリーンセンター，ななかリサイクルセンターの5つの施設でRDF化し，羽咋郡志賀町にある石川北部RDFセンターに搬送した後，焼却発電しています（図3）．RDF（Refuse Derived Fuel）とは，ごみを破砕，乾燥，圧縮成型し，固形の燃料にしたものです．RDF化されるとごみは重量が約半分，容積は約1/3に減量減容されます．つまり，小さな規模の焼却場を各市町に立てるのではなく，ごみをRDF化し，1ヶ所でまとめて燃やしてエネルギー利用しています．

図2　能登地域におけるごみの広域処理

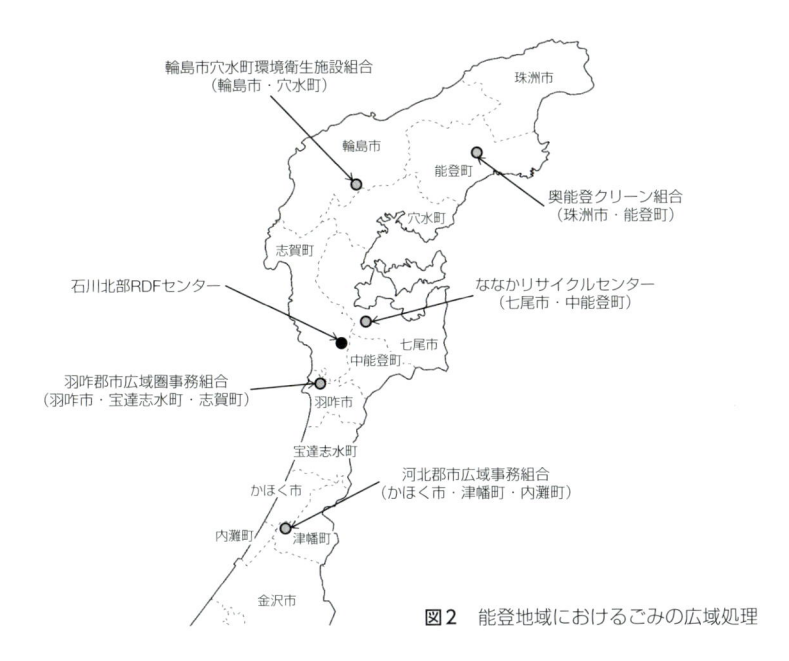

図3　河北郡市クリーンセンター（左）とRDF（右）

●メタン発酵によるエネルギー回収

　ごみを燃やして発電する以外に廃棄物からエネルギーを回収する方法として，微生物を利用したメタン発酵があります．都市地域では生活から排出される汚水は下水管を通って下水処理場に集められます．集められた汚水は好気性の微生物によって浄化されますが，その過程で汚泥が生成します．その汚泥を嫌気性の微生物によって発酵させることにより，

第4章　食とくらし

図4　珠洲市のバイオマスメタン施設（発酵槽）（左）と投入された生ごみ（右）

メタンガスが抽出できます．メタンガスは都市ガスの主成分であり，このガスを利用して発電することができます．とくに，珠洲市では下水汚泥，農業集落排水汚泥，し尿・浄化槽汚泥，事業系生ごみを複合処理して，メタンガスで発電するとともに，メタン発酵の消化汚泥から肥料を製造しています（図4）．最近では，汚泥だけでなく，家庭ごみに含まれる生ごみを主原料にしたメタン発酵に取組む自治体もあります．

●ごみ発電とごみ減量

　ごみの焼却発電はエネルギー供給に貢献しますが，一方で燃料となる「ごみ」がなければ発電できません．また，小さな焼却炉よりも大きな焼却炉のほうが，発電効率がいいため，1日のごみ処理量が少なくとも100 t以上という目安があります．つまり，分別が進み，焼却ごみが減ってしまうと発電に支障をきたすことになります．もちろん，今日明日ごみが急激に減るわけではありませんが，焼却場が動き始めれば30年近く使用するので，発電能力がある大きな施設を建設するとごみ減量を進めるインセンティブがなくなります．ごみ発電が有効に機能する地域もありますし，ごみ処理の効率化を図ることも重要ですが，ごみを処理するための手段であったごみ焼却発電が目的化し，発電のためにごみを集めなければならないといった状況に陥り，ごみ減量を積極的に進められない場合もあります．

●ごみのRDF化の限界

　能登地域のごみのRDF化事業は大きな岐路に立っています．ごみのRDF化と広域処理はごみ焼却によるダイオキシン対策やごみ施設の効率的運営とエネルギー利用を目指して導入されました．しかし，ごみをRDF化する際の乾燥工程で膨大なエネルギー（灯油や重油）が必要であること，RDFの原料が雑多なごみであるので燃料としての発熱量が低いこと，さらにはごみのRDF化施設とRDFを燃焼させる施設の二重の運営費用の負担が原因でRDF化事業は行き詰まり，平成34年に廃止されます．そのため，12市町は新たなごみ処理の体制を構築する必要性に迫られています．

　また，ごみの広域処理を今後どうするのかという点も配慮が必要になります．通常，ごみの広域処理ではごみ処理施設の運営コストは参画している市町が持ち込んだごみ量に応じて課されます．そのため，ある市町が独自にごみを減らしてしまうと施設の運営コストの負担が他の市町に転嫁されてしまいます．つまり，ごみ減量を進めるには参画している市町全体でごみ処理政策の歩調を合わせないと軋轢が生じてごみ処理全体が機能しなくなる可能性もあります．

●これからのごみ処理

　これまでのごみ処理政策は「ごみが増える」ことを前提にしてきましたが，今後は人口減少も予測されるため，「ごみが減る」ことを前提に考えなくてはなりません．そうなるとごみ処理施設のあり方も大きく変わってくるでしょう．その上でさらにごみを減らしていくには，私たちの考え方や生活スタイルを変える，たとえば，物の消費を減らしたり，物を長く使うといったことが必要になります．もちろん，企業や自治体の協力も必要ですが，事業者，自治体を動かすのは消費者であり，住民である私たちです．ごみ問題を通して，これからの私たちの生活や社会のあり方を考えるとこれまでと少し違った将来が見えてくるかもしれません．

Column 4
コメの「セシウム」

　水を張った田んぼで育つイネを「水稲」といいます．それに対して，畑で野菜と同じように育つイネを「おかぼ」（陸稲）といいます．同じイネをおかぼとして育てると，10 a当たり約200 kgの玄米が収穫できます．水稲として育てると約500 kgの玄米が収穫できます．収穫量は少なくなりますが，イネは畑でも立派に，元気に育ちます．

　いろいろなジャポニカ品種のイネを田と畑で育てると，土の中のセシウムを吸収して，玄米に蓄積する「セシウム」の量が変わります．田でも畑でも，温帯ジャポニカよりも熱帯ジャポニカのほうが玄米にセシウムを多く蓄積します．品種が違うとセシウム蓄積が違ってくるのです．面白いですね．今度は，同じ品種のイネで試してみました．たくさんの水や養分が簡単に手に入る田に植えたイネのほうがセシウムをたくさん吸収するのか．あるいは，水が蒸発しやすい畑のほうが，水に溶けているセシウム濃度が高くなるので，イネはセシウムをたくさん吸収するかを試しています．まだ誰にもわかっていないことを知ろうと挑戦する魅力に取りつかれてしまっています．

西山　駿

図　水稲とおかぼ

石川の気象関連データ

●金沢

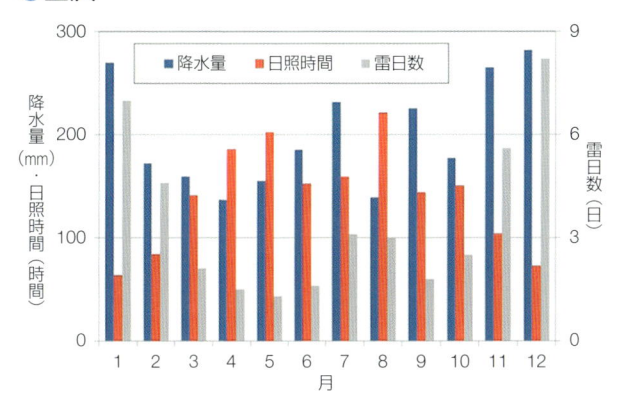

●輪島

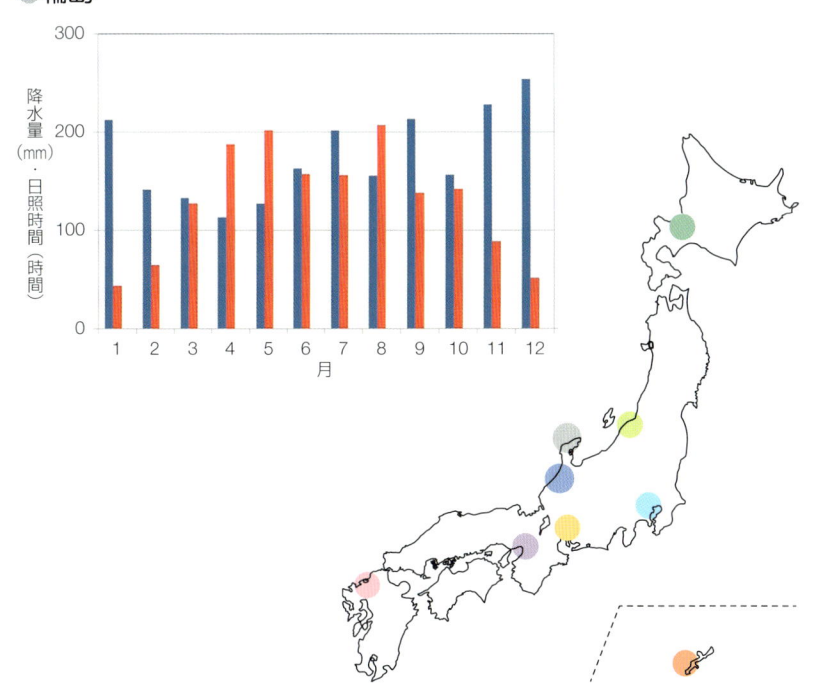

石川の気象関連データ

● 札幌

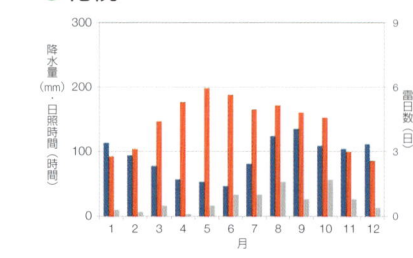

● 新潟

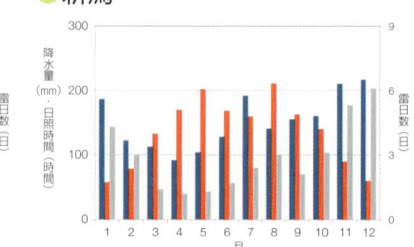

● 東京

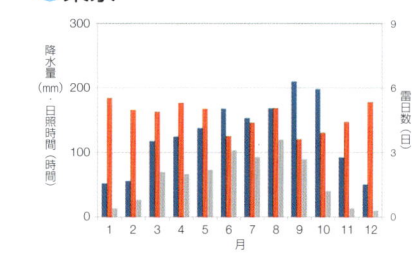

● 名古屋

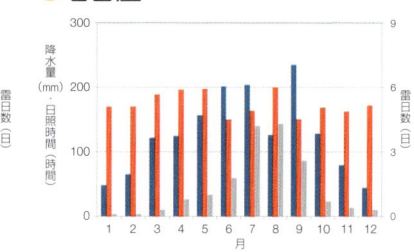

● 大阪

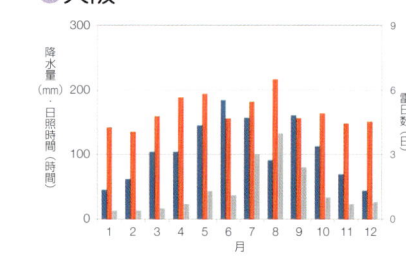

● 福岡

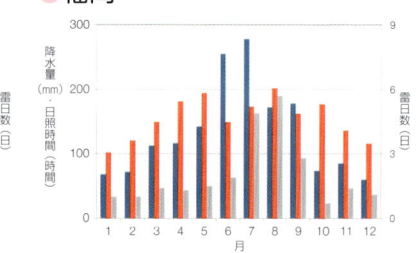

● 那覇

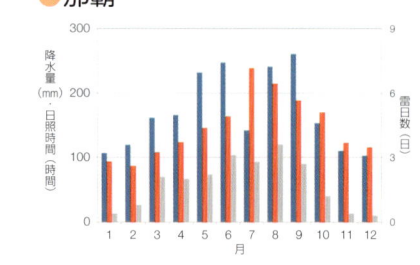

石川のおすすめ環境関連施設 (五十音順)

あ

●いしかわエコハウス・県民エコステーション
〒920-8203 石川県金沢市鞍月2丁目1番地
TEL: 076-266-0881 / FAX: 076-266-0882
http://www.eco-partner.net/

●石川県森林公園　森林動物園
〒929-0465 石川県河北郡津幡町字鳥越ハ2-2
TEL: 076-288-1214 / FAX: 076-288-1215
http://www.shinrinpark-ishikawa.jp/annai/zoo.htm

●石川県銭屋五兵衛記念館
〒920-0336 石川県金沢市金石本町口55
TEL: 076-267-7744 / FAX: 076-267-7764
http://www.zenigo.jp/

●いしかわ動物園
〒923-1222 石川県能美市徳山町600番地
TEL: 0761-51-8500 / FAX: 0761-51-8504
http://www.ishikawazoo.jp/

●石川県農林総合研究センター
　農業試験場
〒920-3198 石川県金沢市才田町戊295-1
TEL: 076-257-6911 / FAX: 076-257-6844
https://www.pref.ishikawa.lg.jp/noken/

●石川県農林総合研究センター
　林業試験場　樹木公園・展示館
〒920-2114 石川県白山市三宮町ホ-1番地
TEL: 076-272-0673 / FAX: 076-272-0812
http://www.pref.ishikawa.lg.jp/ringyo/index.html

●石川県白山自然保護センター
〒920-2326 石川県白山市木滑ヌ4
TEL: 076-255-5321 / FAX: 076-255-5323
http://www.pref.ishikawa.lg.jp/hakusan/haku2.html

●石川県保健環境センター
〒920-1154 石川県金沢市太陽が丘1丁目11番地
TEL: 076-229-2011 / FAX: 076-229-1688
http://www.pref.ishikawa.lg.jp/hokan/

●石川県ふれあい昆虫館
〒920-2113 石川県白山市八幡町戌3
TEL: 076-272-3417 / FAX: 076-273-9970
http://www.furekon.jp/

●石川県立自然史資料館
〒920-1147 石川県金沢市銚子町リ441番地
TEL: 076-229-3450 / FAX: 076-229-3460
http://www.n-muse-ishikawa.or.jp/

●うみとさかなの科学館
　(石川県海洋漁業科学館)
〒927-0435 石川県鳳珠郡能登町字宇出津新港3丁目7番地
TEL: 0768-62-4655 / FAX: 0768-62-4324
http://www.pref.ishikawa.lg.jp/suisan/center/kagakukan/toppage.html

●尾小屋鉱山資料館
〒923-0172 石川県小松市尾小屋町カ1-1
TEL: 0761-67-1122 / FAX: 0761-67-1122
http://www.city.komatsu.lg.jp/3753.htm

か

●加賀市鴨池観察館
〒922-0564 石川県加賀市片野町子2-1
TEL: 0761-72-2200 / FAX: 0761-72-2935
http://www.kagashi-ss.co.jp/kamoike/

●加賀市中谷宇吉郎雪の科学館
〒922-0411 石川県加賀市潮津町イ106番地
TEL: 0761-75-3323 / FAX: 0761-75-8088
http://kagashi-ss.co.jp/yuki-mus/yuki_home/

●金沢市西部環境エネルギーセンター
〒921-8016 金沢市東力町ハ3番地1
TEL: 076-291-6641 / FAX: 076-291-9417
http://www4.city.kanazawa.lg.jp/25021/kankyoushi/index.html

●木場潟公園
〒923-0844 小松市三谷町ら之部58
TEL: 0761-43-3106 / FAX: 0761-46-5445

http://park18.wakwak.com/~kibagata/

● こなん水辺公園
〒920-0209　金沢市東蚊爪町マ32-1
http://www12.atwiki.jp/konanmizube/pages/1.html

● 小松市立博物館
〒923-0903　石川県小松市丸の内公園町19番地
TEL: 0761-22-0714
http://www.kcm.gr.jp/hakubutsukan/

た

● 手取川総合開発記念館
〒920-2502　石川県白山市桑島9-24-30
TEL: 076-259-2701／FAX: 076-259-2701
（閉館中　手取川水道事務所TEL: 076-273-1305）
http://www.pref.ishikawa.lg.jp/tedorikinenkan.html

な

● のと海洋ふれあいセンター
〒927-0552　石川県鳳珠郡能登町字越坂3-47
TEL: 0768-74-1919／FAX: 0768-74-1920
http://notomarine.jp/

● のとじま臨海公園水族館
〒926-021　石川県七尾市能登島曲町15部40
TEL: 0767-84-1271／FAX: 0767-84-1273
http://www.notoaqua.jp/

● 能美市立博物館
〒923-1246　石川県能美市倉重町戊80番地
TEL: 0761-52-8050／FAX: 0761-52-8052
http://www.city.nomi.ishikawa.jp/museum/index.html

は

● 白山恐竜パーク白峰
〒920-2502　石川県白山市桑島4号99番地1
TEL: 076-259-2724／FAX: 076-259-2335
http://city-hakusan.com/learn/hakusan_dinosaur_park/

● 白山砂防科学館
〒920-2501　石川県白山市白峰ツ40番地1

TEL: 076-259-2990／FAX: 076-259-2991
http://www.hrr.mlit.go.jp/kanazawa/hakusansabo/08kagakukan/kagakukan01.html

● 白山市石川ルーツ交流館
〒929-0215　石川県白山市美川南町ヌ138-1
TEL: 076-278-7111／FAX: 076-278-7177
http://www.city.hakusan.lg.jp/kankoubunkabu/ishikawa-rutu/rootkuretakefile/ishikawaroots.html

中宮展示館
〒920-2324　石川県白山市中宮オ9
TEL: 076-256-7111／FAX: 076-256-7111
http://www.pref.ishikawa.lg.jp/hakusan/chuuguu/index.html

ブナオ山観察舎
〒920-2333　石川県白山市尾添ソ72-5
TEL: 076-256-7250／FAX: 076-256-7250
http://www.pref.ishikawa.lg.jp/hakusan/bunao/index.html

市ノ瀬ビジターセンター
〒920-2501　石川県白山市白峰ノ35-1（市ノ瀬）
TEL: 076-259-2504／FAX: 076-259-2531
http://www.pref.ishikawa.lg.jp/hakusan/ichinose/index.html#ichinose-midokoro

白山国立公園センター
〒920-2501　石川県白山市白峰ツ57乙
TEL: 076-259-2320
http://www.pref.ishikawa.lg.jp/hakusan/haku2.html#kouen

● 白山市博物館
〒924-0871　白山市西新町168番地1
TEL: 076-275-8922／FAX: 076-275-8929
http://www.city.hakusan.lg.jp/kankoubunkabu/hakubutsukan/hakubutukanfolda/hakubutukan.html

● 深田久弥　山の文化館
〒922-0067　石川県加賀市大聖寺番場町18番地2
TEL: 0761-72-3313／FAX: 0761-72-1181
http://www2.kagacable.ne.jp/~yamabun/

おわりに

「石川の自然まるかじり」いかがでしたでしょうか．石川県にすんでいる人もそうでない人も，間近で自然環境や農村風景を眺めるような気分になっていただけたらよいのですが．さらに，石川県立大学環境科学科で学んでみたい，あるいは実際に能登地方や加賀地方に出向いて直接自然と触れあいたいという気持ちがわいてきたならば，とてもうれしく思います．

　環境科学とひとくちにいっても，いくつもの視点や切り口があります．本書で紹介できたものはその中のほんの一部に過ぎません．私たちもまだまだ自然環境や自然と人との交わりを十分に理解しているとはいえません．教員や学生，地域の方々，行政や企業の皆さんの協力のもと，多くの方々の興味の源となる発見や発明を目指して，そして環境科学科がよりいっそう魅力的なものとなるよう挑戦中です．この本の内容もそうした活動によって得られたものであり，卒業研究や大学院での研究成果も含まれています．

　さて，本書では自然環境の魅力や不思議を紹介しましたが，本当にそのすばらしさを味わい，さらなる疑問や関心を育むには，実際にマチやムラに飛び出して体験することがいちばんの近道です．私たち環境科学科では，教員個々人の研究室での活動はもちろんのこと，教育カリキュラムの中で積極的に野外での活動を取り入れています．その中でも特に

実習の最後には充実感にあふれた笑顔が見られます

力を入れているのが,「のとまるかじりフィールドワーク体験実習」です.これは,2013年の9月に初めて企画された合宿型のフィールドワーク実習です.その名のとおり海から山まで自然をまるかじりするように調査し,分析する体験を行います.毎年20人程度の学生が参加して,朝から晩まで教員らと一緒に汗を流しながら自然を満喫します.写真を見て下さい.実習終了後の記念写真での学生や教員の笑顔です.これが大自然をまるかじりした感動を味わった顔なのです.

本書を手に取った高校生の皆さん,そして石川の自然に興味をお持ちの方々にお伝えします.是非私たちと一緒に大自然を飛びまわり,環境をまるかじりするような貴重な経験をしましょう!

本書のイラストは中川恵さんによるものです.最後になりましたが,本書の出版に当たり,東海大学出版部の稲英史さんには御世話になりました.心から感謝の意を表します.

索引

あ
アカテガニ　42, 50, 51, 54
穴水　103, 118
イカリモンハンミョウ　55, 59, 60, 62
内灘　91

か
加賀　49, 87, 89, 96–98
　－平野　68
果実　29, 30
鹿島　43, 48
　－の森　49
仮想評価法　81
金沢　2, 4, 7, 8, 43, 81, 82, 84, 86, 89, 117
カビ　35
河北潟　89–92, 100
雷　4
　－日数　2
寒気　4
干拓　89, 92, 93
魚道　74, 75, 79, 80
降水日数　2
降水量　2
小立野台地　22
小松　117
ごみ　116, 117, 121
　－減量　120
　－処理　121
　－発電　117

さ
里山　23, 25, 26, 35, 41
酸性硫酸塩土　100, 101
志賀　55, 78, 112, 118
自動計測　16
自動撮影　10
　－カメラ　29
受諾率　84
受諾率曲線　83
スイカ　29, 103, 104
　－赤土　106
　砂丘地－　105
珠洲　120
ストレス　105, 109
　水分－　105, 109
積雪　9–12, 15
　－深　15
　－量　13
セシウム　122

た
千里浜　87

つ
ツキノワグマ　22, 23, 32
津幡　35
汀線　56
手取川　8, 16, 18, 66, 68, 70, 75, 87
冬季雷　20
頭首工　75
　白山－　68, 69, 72
トミヨ　77–79

な
南竜ヶ馬場　15
日本海　3
能登　49, 96, 103, 121
　－半島　6
野々市　44

は
バイオマス　51, 53, 54
羽咋　55, 78, 87, 89, 118
白山　8, 9, 10, 13, 15
ハマトビムシ　55, 56, 60, 62
負荷量　17
鰤起こし　20
放仔　44, 46
宝達山　5, 6
圃場整備事業　110–112, 114

ま
室堂　10, 11
メタン
　－ガス　120
　－発酵　119, 120

や
融雪　11, 12
用水
　－七ヶ　4, 68, 70, 75, 84
　－農業　4, 66, 67, 72, 75, 81, 86
予報　4

ら
らせん水車　94
流量　16
　－曲線　16
林業試験場　12, 29, 30, 32

わ
輪島　118

執筆者紹介 (あいうえお順　①専門　②石川の主な研究フィールド　③石川のおすすめ)

一恩 英二 (いちおん　えいじ)
①地域水工学
②河北郡志賀町，白山市，能美市
③熊田川，安産川，於古川流域のトミヨ（ただし，採集には石川県の許可が必要です）

上田 哲行 (うえだ　てつゆき)
①動物生態学
②石川全域
③能登のやさしさ

薄井 聖 (うすい　たから)
①大気環境学
②金沢市，輪島市
③海産物のおいしさ

大井 徹 (おおい　とおる)
①動物生態学・野生動物保護管理学
②白山山系
③ブナオ観察舎（野生のクマなどが観察できる）

岡崎 正規 (おかざき　まさのり)
①土壌環境学
②金沢市，白山市
③金沢市小坂地区と河北潟の加賀レンコン

北村 俊平 (きたむら　しゅんぺい)
①植物生態学
②金沢市，白山市
③白山のブナ林と高山植物

楠部 孝誠 (くすべ　たかせい)
①環境システム工学
②金沢市，珠洲市，加賀市
③伝燈寺さといも，日本酒

高位 汐里 (たかい　しおり)
①環境利水学
②津幡町河合谷地区
③和倉温泉，青柏祭

高瀬 恵次 (たかせ　けいじ)
①水文（すいもん）学
②白山・手取川水系
③白山山系の四季の美しさ

瀧本 裕士 (たきもと　ひろし)
①環境利水学
②宮竹用水，七ヶ用水，津幡町
③津幡町上大田農産物即売所から広がる田園風景

田中 栄爾 (たなか　えいじ)
①微生物生態学
②金沢市，白山市，津幡町，野々市市
③河北潟の鳥類

棚田 一仁 (たなだ　かずひと)
①微生物生態学
② –
③のとじま水族館のジンベエザメと宗玄，日本海の海の幸

長野 峻介 (ちょうの　しゅんすけ)
①水利システム学
②加賀三湖，手取川流域，羽咋市柴垣海岸
③白山比咩神社，日本海に沈む夕日

中川 恵 (なかがわ　めぐみ)
①微生物生態学
②野々市
③かきやま，治部煮，梯川沿いの散歩

西山 駿 (にしやま　しゅん)
①土壌環境学
②野々市市
③山代温泉古総湯

藤原 洋一 (ふじはら　よういち)
①水文・水資源学
②白山山頂，手取川流域，羽咋市柴垣海岸
③白山登山，能登島

皆巳 幸也 (みなみ　ゆきや)
①大気環境学
②手取川流域，宝達山
③虫送り，獅子舞，のっティ

百瀬 年彦 (ももせ　としひこ)
①土壌物理学
②羽咋海岸
③白山市白峰温泉と天狗舞

三宅 克英 (みやけ　かつひで)
①生物工学
②加賀市，九十九湾
③千里浜なぎさドライブウェイ，健民海浜公園，金沢おでん

森 丈久 (もり　たけひさ)
①地域施設学
②手取川七ヶ用水
③国史跡「辰巳用水」

柳井 清治 (やない　せいじ)
①流域環境学
②石川県の奥山と里山・里海
③手取川峡谷，能登のキノコ（コケ）料理

山下 良平 (やました　りょうへい)
①地域計画学
②石川県全域の農山漁村地域
③能登のお祭り（特に七尾市の熊甲祭）

石川県立大学自然まるかじり編集委員会

委員長　岡崎　正規
委　員　大井　徹
　　　　北村　俊平
　　　　楠部　孝誠
　　　　皆巳　幸也
　　　　百瀬　年彦
　　　　山下　良平

　　　装丁：中野達彦
　　　イラスト：中川　恵

石川の自然まるかじり

2016年3月20日　第1版第1刷発行

編　者　石川県立大学自然まるかじり編集委員会
発行者　橋本敏明
発行所　東海大学出版部
　　　　〒259-1292 神奈川県平塚市北金目4-1-1
　　　　TEL 0463-58-7811　FAX 0463-58-7833
　　　　URL http://www.press.tokai.ac.jp/
　　　　振替　00100-5-46614
印刷所　港北出版印刷株式会社
製本所　誠製本株式会社

Ⓒ Ishikawa Prefectural University, 2016　　　　ISBN978-4-486-02103-2

Ⓡ〈日本複製権センター委託出版物〉
本書の全部または一部を無断で複写複製（コピー）することは，著作権法上の例外を除き，禁じられています。本書から複写複製する場合は日本複製権センターへご連絡の上，許諾を得てください。日本複製権センター（電話 03-3401-2382）